黑龙江省自然科学基金项目(G200903)资助

大小兴安岭生态功能区建设生态补偿机制研究

李炜 著

中国林业出版社

图书在版编目(CIP)数据

大小兴安岭生态功能区建设生态补偿机制研究/李炜著. -北京：中国林业出版社，2013.6

ISBN 978-7-5038-7058-3

Ⅰ.①大…　Ⅱ.①李…　Ⅲ.①大兴安岭-生态区-建设-补偿机制-研究　Ⅳ.①X321.235.013

中国版本图书馆CIP数据核字(2013)第107677号

出版　中国林业出版社(100009　北京西城区刘海胡同7号)

网址　lycb.forestry.gov.cn

E-mail　forestbook@163.com　**电话**　010-83222880

发行　中国林业出版社

印刷　北京北林印刷厂

版次　2013年6月第1版

印次　2013年6月第1次

开本　880mm×1230mm　1/32

印张　6

字数　150千字

印数　1~1000册

定价　36.00元

序

人类生存和社会经济的持续发展需要稳定而适宜的生态环境作保障，然而随着我国经济的快速发展，经济建设与生态环境的矛盾也日益凸显，经济发展加大了对生态环境的压力和破坏，以至于超过其能够进行自我调节和恢复的限度，进而对生态系统服务功能也造成了明显损害。为此，恢复与重建受损与退化的生态系统及其服务功能，维护国土生态安全，对社会、经济的可持续发展至关重要。而要实现这一目的，就需要对主体功能进行区划。

大小兴安岭林区经过近 60 年高强度开发，森林质量明显下降，可采森林资源大幅萎缩，森林涵养水源、净化空气、保持水土等生态功能严重下降。从总体上看，大小兴安岭生态功能区生态处于相对脆弱状态，生态环境面临的形势相当严峻。大小兴安岭生态功能区是国家“十一五”规划确定的限制开发区域，在我国生态建设大局中占据着极其重要的地位，对促进林区经济、社会可持续发展具有极为重要的作用。2010 年出台的《大小兴安岭林区生态保护与经济转型规划》，确立了大小兴安岭林区生态保护与经济转型规划森林生态功能区范围。大小兴安岭生态功能区既承担着保护生态的责任，同时又兼具发展经济的任务，大小兴安岭生态功能区建设已上升到国家战略层面，建设的目标是把大小兴安岭生态功能区建设成为经济发展和人口、资源与环境相协调，经济、社会永续发展的现代林区。而大小兴安岭生态功能区处于我国的最北方，长期以来处于资源危机、经济危困的局面，使得生态功能区无力承担生态建设所需的巨大建设成本，并因其主体功能设定为生态保护而使其产业发展受到极大限制，使得与发达地区经济发展水平的差距进一步加大，缺乏补偿则会严重挫伤生态功能区政府及居民对生态建设的积极性。为了生态功能区更好地发展并实现规划目标，需要国家及其他受益者给予相应的生态补偿。

该书以生态功能区的生态补偿机制为视角，在分析国内外研究成果及借鉴国内外生态补偿实践经验的基础上，以外部性理论、可持续发展理论以及区域经济发展理论等为理论支撑，构建了生态补偿机制的基本框架，并针对生态补偿机制的几个关键问题——“为何补”“补多少”及“如何补”等做了深入、系统地研究。在这部《大小兴安岭生态功能区建设生态补偿机制研究》著作中，作者阐明了生态补偿的动因，构建了多维度差异化补偿标准计算模型，优化了大小兴安岭生态功能区建设的财政补偿路径，并提出了大小兴安岭生态功能区建设生态补偿机制的配套支撑体系。这些相关内容的研究，对大小兴安岭生态功能区建设及促进大小兴安岭新林区的可持续发展具有重要的指导和借鉴意义，可以为国家有关部门制定生态补偿相关政策提供参考依据。

该书是目前为数不多的定量化系统研究生态补偿标准、基本公共服务水平及横向转移支付额度的比较前沿的专著。著作中的一些观点和结论对大小兴安岭生态功能区建设及促进大小兴安岭新林区的可持续发展具有重要的指导和借鉴意义，同时对其他生态功能区建设生态补偿机制的构建亦有广泛的适用性。

2013 年 5 月

摘 要

大小兴安岭生态功能区是国家“十一五”规划确定的限制开发区域，是我国东北地区乃至全国的重要生态屏障，在我国生态建设大局中占据着极其重要的地位。大小兴安岭地区经过几十年的高强度开发后，森林资源遭到严重破坏，整体生态功能出现严重退化。可采森林资源逐年减少，陷入了资源危机。建设大小兴安岭生态功能区，是国家重要的战略举措，对于实现大小兴安岭生态功能区内林区经济社会的永续发展、人与自然的和谐发展具有十分重要的意义。大小兴安岭生态功能区要想走出困境，实现生态环境的改善以及经济社会的可持续发展，实现大小兴安岭生态功能区建设的规划目标，有赖于生态补偿机制的构建，而大小兴安岭生态功能区建立时间不长，虽然生态补偿的实践历时多年，但生态补偿机制尚未真正建立更谈不上健全，很多深层次的问题尚未解决，因此对大小兴安岭生态功能区建设生态补偿机制进行研究是很有必要的。

本书在分析国内外研究成果的基础上，以外部性理论、可持续发展理论以及区域经济发展理论等为理论支撑，阐明了生态补偿的动因，运用经济学分析方法、层次分析法和因子分析法等定性和定量分析方法，构建了多维度差异化的生态补偿标准计算模型，并对基于大小兴安岭生态功能区建设的财政补偿路径进行了优化，最后构建了大小兴安岭生态功能区建设生态补偿机制的相关配套支撑体系，提出了以财政转移型生态补偿为主，将生态产业反哺生态补偿机制及配套支撑体系相互融合的综合生态补偿机制。

首先，通过对国内外生态补偿的研究文献及实践经验的分析可知，大小兴安岭生态功能区建设已上升到国家战略层面，对黑龙江省社会主义新林区建设意义重大，而生态补偿是激励生态功能区建设的重要手段。以大小兴安岭生态功能区建设生态补偿机制为切入点进行研究，研究视角独特。另外对生态补偿的动因进行了经济学分析，而环境资源价值论及区域经济发展理论有助于多维度差异化补偿标准的制定及财政补偿路径的优化研究，为本书的研究提供了理论支撑。

其次，构建了大小兴安岭生态功能区建设的多维度差异化补偿标准计算模型。在构建模型时，从大小兴安岭生态功能区建设的不同阶段、生态区位重要性、生态功能区建设成本因素、森林资源的自然属性及社会经济发展水平五个维度进行设计，力求所设计的多维度差异化补偿标准计算模型契合生态功能区建设实际情况。在此基础上可以为生态功能区内不同地区确定具有可操作性的、具有激励特征的多维度差异化补偿标准。

第三，确定了大小兴安岭生态功能区建设初始阶段最低补偿标准及较高补偿标准。在所构建的多维度差异化补偿标准计算模型基础上，结合不同区域生态区位的重要性以及森林资源的林分类型、起源、林龄结构等因素，运用层次分析法确定相应生态区位及森林生态效益调整系数，分别测算了大兴安岭和小兴安岭林区森林生态系统生态补偿标准，最终确定了大小兴安岭生态功能区建设初始阶段的最低补偿标准及较高补偿标准。

第四，优化了与大小兴安岭生态功能区建设契合的财政补偿路径。在分析大小兴安岭生态功能区建设现有财政转移支付弊端的基础上，提出了对现有转移支付制度优化整合的思路，分别确定了现有补偿政策中应作为专项转移支付及均衡性转移支付的项目。在构建基本公共服务均等化指标体系的基础上，对不同地区基本公共服务能力进行评价并确定综合得分，采用“超额累进”的办法，确定了应上解横向转移支付额度，并依据综合得分大小确定不同区域间横向转移支付的额度，为完善基于生态功能区建设的横向财政转移支付制度提供了新思路。

第五，提出了生态功能区建设生态补偿机制的相关配套支撑体系。为了保持生态补偿机制的长效性，结合完善生态功能区建设补偿机制的内外部环境政策因素，需要配套的、健全的制度和政策等予以支撑。在建立健全生态补偿相关评价、激励等制度及财政、土地等政策的基础上，尤为重要的是提高以生态产业发展反哺生态补偿机制的能力，通过相关配套体系的支撑最终构建以财政转移型生态补偿为主，将生态产业反哺生态补偿机制及配套支撑体系相互融合的综合生态补偿机制。

大小兴安岭生态功能区建设生态补偿机制是一项系统工程，涉及各利益主体的相关利益，而且生态功能区建设周期长，生态补偿机制实施后的效果滞后，希望通过本书的研究为大小兴安岭生态功能区建设生态补偿机制的健全和完善提供理论支持，为政府、行业主管部门制定政策提供保障。

目　录

1 导 论

人类与环境之间是相互作用、相互影响、相互依存的统一体。我国自改革开放以来，经济呈现出持续快速发展的态势，但由于长期以来对资源与环境的重视程度不够，我国经济发展仍然是依靠高投入、高损耗的粗放型经济，所引发的后果是高消耗、高废弃物的经济增长，自然资源和生态环境状况的严重恶化，造成了生态资源被过度消耗和浪费。而环境本身破坏起来容易，恢复却很难，有些地区的生态环境破坏已达不可逆的程度，为经济发展我们付出了惨痛的代价，因此需要从国家层面重视环境保护，加大对生态环境保护的投入。

1.1 研究背景

(1)大小兴安岭生态功能区具有重要生态地位且生态功能退化严重。人类生存和社会经济的持续发展需要稳定而适宜的生态环境作保障，然而随着我国经济的快速发展，经济建设与生态环境的矛盾也日益凸显，经济发展加大了对生态环境的压力和破坏，以至于超过其能够进行自我调节和恢复的限度，进而对生态系统服务功能也造成了明显损害。为此，恢复与重建受损与退化的生态系统及其服务功能，维护国土生态安全，对社会、经济的可持续发展至关重要。而要实现这一目的，就需要对主体功能进行区划。2006 年 3 月，我国"十一五"规划纲要中明确提出："根据资源环境承载能力、现有开发密度和发展潜力，统筹考虑未来我国人口分布、经济布局、国土利用和城镇化格局，将国土空间划分为优化开发、重点开发、限制开发和禁止开发四类主体功能区[1]。"

大小兴安岭生态功能区是国家"十一五"规划确定的限制开发区域，是我国东北地区乃至全国的重要生态屏障，在我国生态建设大局中占据着极其重要的地位。按照《黑龙江省人民政府关于加快大小兴安岭生态功能区建设的意见》[黑政发(2008)71号]确立了大小兴安岭生态功能区，该区域是黑龙江、松花江等水系重要的源头和水源涵养区，是我国寒温带针叶林、温带针阔混交林的重要分布区，对保持水土、调蓄洪水、维持生物多样性以及保障国家生态安全具有极其重要的生态功能；既是我国重要商品粮基地的天然屏障，又对调节东北、华北气候具有无可替代的保障功能；同时为国家重要的资源安全提供了保障，可以说对促进经济、社会可持续发展具有极为重要的作用[2]。

国家之所以将大小兴安岭生态功能区划定为限制开发区域，一方面是由于其具有重要的生态地位，另一方面是因为其生态功能退化严重。大小兴安岭经过近60年高强度开发，森林质量明显下降，大小兴安岭可采成、过熟林蓄积量由开发初期的7.8亿立方米下降到2007年的6600万立方米，森林涵养水源、净化空气、保持水土等生态功能严重下降。区域内草地面积、天然湿地面积都不同程度地大幅减少。土壤侵蚀加剧，水土流失严重，局部土壤沙化面积加大，区域内温度升高，旱涝、火灾等自然灾害频繁发生，土地生产力明显降低。从总体上看，大小兴安岭生态功能区生态处于相对脆弱状态，生态环境面临的形势相当严峻[1]。2010年12月国家发改委与国家林业局联合下发《大小兴安岭林区生态保护与经济转型规划(2010~2020年)》，确立了大小兴安岭林区生态保护与经济转型规划森林生态功能区范围。

自2008年大小兴安岭生态功能区建立后，黑龙江省政府非常重视生态功能区的环境保护工作，随着大兴安岭全面停止主伐及小兴安岭地区采伐量进一步减少，森林资源状况有所好转，可采成、过熟林蓄积量由2007年的6600万立方米提高到2010年的约7500万立方米，以2010年大小兴安岭生态功能区内的重点国有林区森林资源为例(其森林面积及蓄积均占大小兴安岭生态功能区森林面积及蓄积的80%以上)，该区域森林面积为1155.85万公顷，蓄积量9.12亿立方米，其中：幼、中龄林面积和蓄积分别为967.6万公顷和7.17亿立方米，分别占83.71%和78.57%；近、成、过熟林面积和蓄积量分别为188.25万公顷和1.95亿立方米，分别占16.29%和21.43%。从林龄结构比例来看，幼、中龄林面积是近、成、过熟林面积的5.14倍；从蓄积量构成来看，幼、中龄林蓄积是近、成、过熟林蓄积的3.67倍。一般情况下要实现森林资源的永续利用，中、幼龄林蓄积应占20%，而近、成、过熟林蓄积应占80%，也就是说近、成过熟林蓄积应当是中、幼龄林的4倍[3]，而目前的情况却刚好相反。以上数据说明了大小兴安岭生态功能区林龄结构不合理，幼、中龄林面积偏大，近、成、过熟林面积太小，通过三年对比数据分析可知大小兴安岭可采森林资源已经枯竭，具体情况见图1-1和图1-2。

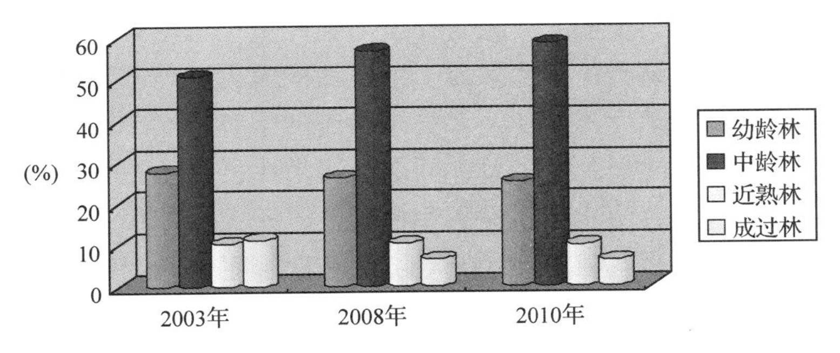

图1-1 大小兴安岭生态功能区内重点国有林区森林面积按林龄分布图

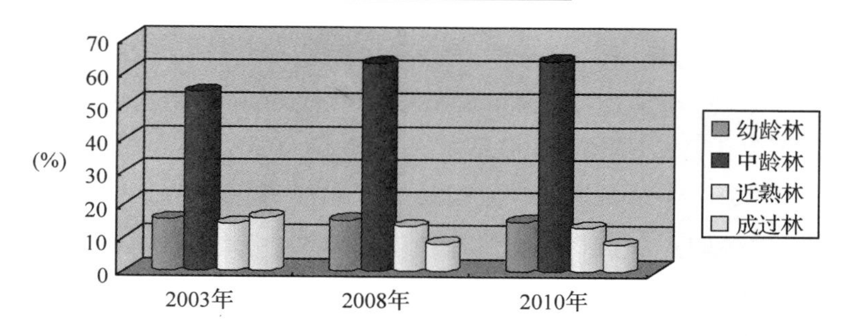

图 1-2　大小兴安岭生态功能区内重点国有林区森林蓄积按林龄分布图

(2)大小兴安岭生态功能区建设生态补偿机制不健全。大小兴安岭生态功能区既承担着保护生态的责任，同时又兼具发展经济的任务，大小兴安岭生态功能区建设已上升到国家战略层面，建设的目标是把大小兴安岭生态功能区建设成为经济发展和人口、资源与环境相协调，经济、社会永续发展的现代林区。而大小兴安岭生态功能区处于我国的最北方，长期以来处于资源危机、经济危困的局面，而国家长期以来一直忽视对生态功能区为国家生态安全和经济、社会持续发展所做贡献的补偿，导致了生态功能区无力承担生态建设所需的巨大建设成本，并因其主体功能设定为生态保护而使其原以“木头经济”为主的产业发展受到极大限制，使得与发达地区经济发展水平的差距进一步加大，缺乏补偿则会严重挫伤生态功能区政府及居民对生态建设的积极性。为了生态功能区更好地发展并实现规划目标，需要国家及其他受益者给予相应的生态补偿，而我国的生态补偿机制尚不健全，很多关键问题尚未解决，如生态补偿标准如何确定以激励生态功能区建设的积极性？对于因生态保护所产生的成本及发展机会的损失，如何在区域之间来协调这种经济利益关系？鉴于生态补偿机制对于生态功能区建设意义重大，因此有必要对其进一步加以研究。

1.2 研究目的及意义

1.2.1 研究目的

本书运用经济学分析、层次分析及因子分析等定性与定量分析方法，通过对国内外研究文献的分析及深入大小兴安岭生态功能区内的重点国有林区及黑龙江省林业厅进行调研，了解生态功能区建设生态补偿情况，分析生态补偿标准的影响因素及现行生态补偿标准存在的问题，并对生态补偿的财政转移支付制度进行分析，找出其不适应生态功能区建设生态补偿机制的方面。在此基础上构建多维度差异化补偿标准计算模型，对财政补偿路径进行优化，并提出构建大小兴安岭生态功能区生态补偿机制的相应配套支撑体系。

(1)阐明生态补偿机制构建的理论基础依据。生态补偿效果之所以不尽如人意，主要是有一些关键问题没有搞清楚。本书系统阐述与生态补偿相关的理论基础，找出生态补偿的动因，弄清“为何补”这一关键问题，才能清晰界定大小兴安岭生态功能区建设的补偿主体与客体；而对环境资源价值论及区域经济发展理论的分析，可以揭示“补多少”及“如何补”的问题，为大小兴安岭生态功能区生态补偿机制的建立与完善提供科学的理论依据。

(2)通过对大小兴安岭生态功能区目前生态补偿情况的分析，找出存在的不足，并在借鉴国内外生态补偿实践经验的基础上，构建与大小兴安岭生态功能区建设相适应的生态补偿机制。

(3)构建具有激励作用的多维度差异化补偿标准计算模型。生态补偿标准的确定直接影响生态补偿效果，而我国生态补偿一直采用单一的低标准，很难对生态功能区建设起到激励作用。本书从多个维度设计差异化补偿标准计算模型，运用该模型可以确定大小兴安岭生态功能区内不同地区具有可操作性和激励性的差异化补偿标准。

(4)优化契合生态功能区建设的财政补偿路径。近几年财政转移支付制度虽然也向重点生态功能区倾斜，但由于大小兴安岭生态功能区建设的复杂性，重点国有林区和地方林业享有的生态补偿政策不同，尤其是政府间的横向转移支付制度尚未建立，因此现行财政转移支付制度有一些不适合生态功能区建设的内容，需要进行整合和优化，这样才能形成稳定的资金来源渠道，用以弥补生态功能区因生态环境保护丧失发展机会所导致的居民收入及应享有的基本公共服务差距。

(5)提出大小兴安岭生态功能区建设生态补偿机制的配套支撑体系。目前国家所提供的生态补偿资金只是一种“输血式”补偿，而生态功能区生态补偿机制的配套支撑体系是生态功能区建设成功的保障。为了保持生态补偿机制的长效性，结合完善生态功能区建设补偿机制的内外部环境政策因素，需要配套的、健全的制度和政策等予以支撑。在建立健全生态补偿相关评价、激励等制度及财政、土地等政策的基础上，尤为重要的是提高以生态产业发展反哺生态补偿机制的能力。通过相关配套机制的支撑最终构建以财政转移型生态补偿为主，将反哺式生态补偿以及生态补偿机制的配套机制相互融合的综合生态补偿机制，确保大小兴安岭生态功能区建设规划顺利进行，通过本书的研究希望能够为国家制定相关政策提供理论依据。

1.2.2 研究意义

国家实行主体功能区划分和定位，以此来规范空间开发秩序，优化空间开发结构，其重要的战略意义不容小视。建设大小兴安岭生态功能区，是科学发展观在生态建设布局中的体现，是维护国家生态安全的需要，其地位已上升为国家战略，也是推进黑龙江生态省建设的重要战略举措。对保护和恢复生态功能区内森林、湿地等生态系统及发挥其生态功能，遏制生态环境退化趋势意义重大，而实现大小兴安岭生态功能区建设的规划目标，有赖于生态补偿机制的构建，因此对大小兴安岭生态功能区建设生态补偿机制的研究具有非常重要的理论与实践意义。

1.2.2.1 理论意义

（1）本书的研究丰富和完善了生态功能区建设生态补偿机制的理论体系。本书对于财政转移支付路径优化方面的研究，有助于完善我国基于生态补功能区建设的财政转移支付制度，可以更好地为生态功能区建设提供资金支持，可以丰富与生态功能区建设生态补偿机制相关的区域经济学及财政学等理论。

（2）本书的研究可以为国家有关部门制定生态补偿相关政策提供理论参考。本书所构建的多维度差异化生态补偿标准计算模型，考虑了生态功能区建设中发生的成本因素、森林的自然属性、森林生态区位、经济发展水平及生态功能区建设的阶段，而且通过对大兴安岭和小兴安岭林区补偿标准的测算，最终确定了补偿的最低标准和较高标准，国家可以依据财力状况等对不同地区采取不同的生态补偿标准，也可以为其他生态功能区完善生态补偿机制提供理论指导。

1.2.2.2 实践意义

（1）本书的研究有利于保护生态功能区的森林资源并巩固其重要的生态地位。通过对大小兴安岭生态功能区生态补偿机制的构建，可以更好发挥生态补偿的效果，激励生态功能区政府与居民从事生态建设的积极性，实现森林资源的永续利用，巩固其作为木材资源战略储备基地及东北平原等天然屏障的重要生态地位，更好地保护大小兴安岭林区生态环境，增加碳汇量，使我国早日适应日益临近的国际减排义务，在政治层面与生态层面都有非常重大的意义。

（2）本书的研究有助于激励大小兴安岭生态功能区建设的积极性。本书在构建多维度差异化的生态补偿标准计算模型时，考虑了机会成本及不同区域的自然资源属性及经济发展水平等因素，克服了之前国家制定的均一化补偿标准的弊病，可以使生态功能区的生态建设者了解到所获得的生态补偿标准与森林资源状况直接相关，因此可以激励大小兴安岭生态功能区居民对生态环境建设与森林保护投入更大的热情。

(3)本书的研究有助于完善我国生态补偿的财政转移支付实践。通过对生态功能区建设财政补偿路径的优化，尤其是对区域横向转移支付制度的研究，探索出一条可以矫正因主体功能区划所致的省际经济发展水平及基本公共服务能力差异的途径，为完善我国生态补偿的财政转移支付实践拓展了新思路。

(4)本书的研究有利于促进大小兴安岭新林区的可持续发展。大小兴安岭生态功能区建设是个关系到国家生态安全的重要举措，生态保护与转型规划的目标能否实现有赖于生态补偿机制的建立与完善。在国家对生态功能区实施生态补偿的基础上，综合利用配套支撑体系，可以发挥区域比较优势、优化产业布局及发展特色优势产业，提高以生态产业发展反哺生态补偿机制能力，是发展林区经济，保障社会稳定，建设社会主义新林区的必然选择，对实现经济、社会永续发展，人与自然和谐发展具有十分重要的实践意义。

1.3　国内外研究现状及评述

国外的相关研究开始的比较早，除了对生态补偿基本概念、补偿标准及模式等内容进行研究外，更侧重于生态补偿的评价和效应分析。国内学者的研究始于20世纪80年代，主要针对生态补偿的基础理论、某一生态要素的生态补偿理论研究以及某一地域范围内的生态补偿实践进行实证研究。本书在查阅大量国内外文献资料的基础上，对可能对本书有借鉴作用的相关研究成果进行了梳理，并对学者相关研究成果进行了分析和评述。

1.3.1　国外研究现状

国外对于生态补偿的研究，始于20世纪50年代，开始是关于生态补偿理论的基础研究，到后期就更侧重于微观层面的资源环境效应分析、社会经济效果分析以及补偿效率分析的研究，并取得了一定的成果。

在宏观方面，国外学者主要开展了以下方面的研究：

(1)生态补偿概念的研究。Cuperus 等(1996)认为：生态补偿是对在发展中所造成的生态功能和质量的损害给予的一种补助，用于改善受损地区的环境质量或者重建具有类似生态功能和环境质量的区域[4]。Allen 等(1996)则认为生态补偿是使生态破坏区域功能恢复，或通过新建生态区域来替代原有生态功能或质量[5]。Wunder(2005)将生态补偿定义为：它是一种由生态效益提供者遵循自愿、协商原则进行土地利用的策略[6]。Landell-Mills& Porras(2002)认为生态补偿是某种意图提高自然资源管理效率的经济刺激机制[7]。

(2)生态补偿标准的研究。国外对于生态补偿标准的确定方法，归纳起来主要有以下三种方法，即生态效益评价法、支付意愿法及机会成本法。

国外学者比较偏好采用森林生态效益的评价方法来研究森林的旅游和保健功能，这样的研究成果非常多。例如 Clawson(1959)在利用消费者剩余理论的基础上提出了旅行费用法，这是目前国外最流行的用于评估森林游憩价值的方法[8]。Davis(1963)首次提出了条件价值法，也被称作意愿调查法，并尝试用该方法评估缅因州的森林游憩价值[9]。Costanza(1997)深入分析并定量估算了全球生态系统服务功能价值总和，引起了全世界的关注，生态资产评估研究开始蓬勃发展起来。特别是 1997 年在《Nature》上发表了全球生态系统服务价值的研究结果后，有关生态系统服务价值的评价在各类生态系统中得到广泛的研究和关注[10]。Thomas P. Holmes 等(2004)使用随机评价法估计了对分水岭进行修复的收益，并将其与美国自然资源保护委员会所提供的成本数据进行了对比分析[11]。Michael D. Kaplowitz(2001)采用个体和群体两种不同的调查方法，对位于墨西哥 Chelem 湖的红树林生态系统服务的使用价值和非使用价值分别进行了评价[12]。

国外补偿标准的确定更侧重于补偿意愿。在补偿意愿研究方面，Cooper 等(1998)、Harnndar 等(1999)采用序贯响应离散选择模型和随机效用模型分析了美国农民退耕意愿和相应补助要求水平的关系，通过与机会成本比较预测了退耕意愿下的补助标准[13,14]。Plantinga等(2001)研究了给予不同补助额度的条件下，农民愿意退耕的供给曲线，并利用它来预测可能的退耕量和补助标准[15]。Bienabe和Hearne(2006)对哥斯达黎加的本地居民和国外游客进行了意愿调查和CE分析，结果表明：不同人群都更倾向于多支付环境服务费用，在支付意愿方面自然保护优于景观美感[16]。Morana和McVittie(2007)采用问卷调查法了解苏格兰地区居民对生态补偿的支付意愿，并对调查结果分别采用层次分析法和CE法进行统计分析，结果表明：为追求更好的环境和社会福利，居民有较强的支付意愿通过支付收入税的方式进行生态付费[17]。

(3)生态补偿模式的研究。IanPowell及Landell-Mills等人通过研究认为：目前森林生态旅游、碳储存、森林水文服务和生物多样性是森林环境服务市场功能最主要的四个方面，而森林环境服务市场的不断涌现使得这一领域的竞争性、激励性和可持续性日益提高。直接的森林生态系统服务市场通常只限于较小的尺度范围内，碳蓄积和储存交易才是大规模、大范围的森林生态资源补偿的主要途径和方式[18]。

在微观层面，近些年来国外学者热衷于生态补偿的评价和效应分析方面的研究，具体包括生态补偿的资源环境效应分析、生态补偿产生的社会经济效果分析以及生态补偿的补偿效率分析三方面。

对于生态补偿的资源环境效应分析，国外学者通常采用“3S”技术，结合生态学模型等方法，对受偿区域的生物多样性等进行效果评估。例如Herzog(2005)评价了瑞士生态效益提供区的生物多样性效果，认为物种丰富度与经营强度密切相关[19]。Dietschi S等(2007)研究了在农业环境激励付费政策框架下，瑞士山地草场植物的多样性效果，认为物种丰富度受经营强度的影响非常大[20]。

目前，国外学者对生态补偿的社会经济效益评估的研究还不多见，主要有Kosoya等对中美洲水环境服务补偿进行研究，研究结果表明：目前实行的生态补偿数额尚不足以弥补其机会成本，尽管生态系统服务付费有助于促成补偿主、客体之间的交易，但对于改善环境和促进乡村经济发展的能力十分有限[21]。Pagiola S 及 Arcenas A 等(2005)认为生态补偿对于消除贫困的效果非常显著，达成这种效果的前提条件是确定实际贫困人群、贫困人群的参与能力以及补偿数额三方面[22]。Zbinden 等(2005)运用计量经济学方法对哥斯达黎加的森林所有者及农户的生态补偿行为进行分析，结果表明：农场规模、人力资本以及家庭的经济条件等均对生态补偿的参与者有显著影响，大农场主和林场主的补偿参与情况大相径庭[23]。

国外对生态补偿效率评估方面的研究起步较晚，Alix-Garcia 等对平均式付费和风险式付费两种不同的补偿方案进行比较分析，结果表明：在总体付费水平较低的前提下，采用风险式付费方式对贫困对象进行重点补偿，其效率将大幅提高[24]。Morris 等(2000)以英国芬兰地区为研究对象，分析了生态补偿对农户土地利用行为变化的影响及其产生的经济影响，研究表明：由于不同农场主的利益偏好存在差异，要确定补偿标准应充分考虑地域因素，对不同地域采取相同的补偿标准效果往往较差[25]。Sierra 等(2006)对哥斯达黎加森林资源的生态补偿效率进行研究，结果表明：将生态补偿资金补偿给个人比补偿给地区其补偿效率要高得多[26]。Wunder(2005)强调应通过动态的基准线评估法则来推断补偿是否存在差异，认为现行的清洁发展机制其基准线是静态的，因此其补偿效率往往很低[27]。

1.3.2 国内研究现状

通过对中国知网的查阅，可知 2000 年以前关于生态补偿的研究文献比较少，之后逐年呈现增长态势，在 2010 年达到顶点。究其发展变化的原因可知 2001 年以前国内的学者只是借鉴国外一些研究文献对生态补偿的理论进行探讨，而我国真正意义上的生态补偿并未开展。2001 年中央财政设立了“森林生态效益补助资金”，在全国开展森林生态效益资金补助试点，这标志着我国开始步入了有偿使用森林资源生态价值的新阶段。2004 年《中央森林生态效益补偿基金制度》正式出台并在全国范围内实施，这一制度的实施标志着我国结束了长期无偿使用森林生态效益的历史。2006 年发布的《国民经济和社会发展第十一个五年规划纲要》明确提出了在限制开发区域建立重要生态功能区，随着 2008 年黑龙江省大小兴安岭生态功能区规划出台，这方面的相关研究日益增多，可见国内生态补偿研究的发展与我国生态补偿的实践是紧密相关的。

纵观国内学者对生态补偿的研究，可以分成以下几方面：

(1)宏观层面的研究。我国学者关于生态补偿的研究主要集中于生态补偿机制的相关问题，例如对生态补偿所依据的理论基础、生态补偿的主体和客体、补偿途径以及补偿标准等方面进行了研究。

①生态补偿理论基础的研究。我国关于生态补偿的研究初期主要集中于生态公益林，因而在理论基础研究方面也主要围绕生态公益林来展开的。关于生态补偿的价值基础主要有两种观点：一是马克思劳动价值论。主要观点有：谢利玉等(2000)、聂华(1994)、张秋根(2001)及李扬裕等(2004)通过研究认为森林的生态功能是人类在林业生产过程当中投入的社会必要劳动时间，在生态公益林培育的过程中凝结了大量的物化劳动和活劳动，因而具有商品的价值与使用价值两个基本属性[28~31]。二是将劳动价值论与稀缺理论相结合。张建国(1986)认为森林综合效益评价的基础是劳动价值论，应将稀缺理论作为有益的补充[32]。李金昌(1999)认为环境之所以有价值缘于其对人类的有用性，其价值大小与它的稀缺性和开发利用条件有关[33]。

在补偿理论依据方面，以黄英(2005)、吴水荣等(2001)为代表的学者阐明补偿理论依据主要包括以下三种观点：一是公共产品理论。因生态公益林属于公共品，常常出现“搭便车”现象，会导致“公地悲剧”的发生。因此，要由政府按某种标准向生态环境的消费者通过收取税、费的形式对森林生态效益进行补偿。二是外部性理论。森林生态资源作为一种公共资源，具有非排他性兼有竞争性的特征，某人的使用会对社会其他人产生一定的外部性，将引起社会和私人收益上的差异，因此需要对森林生态效益的正外部性予以补偿。三是科斯定理和庇古税。这两个原理可以解决生态公益林外部性的内部化问题，使私人成本和社会成本保持一致，从而优化森林资源的合理配置[34,35]。

②生态补偿机制框架的研究。关于生态补偿机制的框架，王金南(2006)建议从国家角度出发建立包括西部生态补偿机制、重点生态功能区补偿机制、流域生态补偿机制和要素补偿机制构成的多层次补偿系统[36]。任勇(2006)认为我国建立生态补偿机制的战略与政策框架应包括战略定位、目标、原则和步骤；优先领域；法律和政策依据；补偿依据和标准；政策手段；责任赔偿机制和管理体制等[37]。陈丹红(2005)从可持续发展的角度对生态补偿机制模式进行研究，认为生态补偿机制应包括财政转移型、反哺式、异地开发型、公益型生态补偿机制，还应包含生态补偿机制的配套机制[38]。

③生态补偿类型的研究。任勇(2008)认为生态补偿问题主要包括区域补偿类、重要生态功能区的补偿类、流域生态补偿类和生态要素补偿类四种类型[39]。赖力等(2008)按地域层次将生态补偿分为全球性、区际性、地区性以及项目性补偿四种模式[40]。秦艳红等(2007)根据生态保护实施的进程不同将生态补偿先后确定为基础补偿，产业结构调整补偿和生态效益外溢补偿三个阶段[41]。支玲等(2004)从行政级别层次的视角将生态补偿分成国家补偿、地区补偿、产业补偿及部门补偿等[42]。

④生态补偿模式的研究。补偿模式包含具体的补偿途径、资金获取渠道、补偿方式等。万军等(2005)按补偿主体的不同将生态补偿分为政府和市场补偿两大类，政府补偿手段主要有财政转移支付、财政专项基金及重大生态建设工程等；市场补偿手段包括生态补偿费、排污费、资源费、环境税、排污权交易及水权交易等[43]。葛颜祥等(2007)认为政府补偿主要采用财政转移支付、政策补偿、生态补偿基金等方式。市场补偿是流域生态服务受益者对保护者的直接补偿，主要采用产权交易市场、一对一交易、生态标记等方式。对于规模较大、补偿主体分散、产权界定模糊的流域适宜采取政府补

偿，规模较小、补偿主体集中、产权界定清晰的流域适宜采取市场补偿[44]。蔡剑辉(2003)和陈红(2003)在经济学分析的基础上，提出可以通过对生态效益受益者征收生态税的方式获得补偿资金[45,46]；而谢利玉(2000)却不认同以上观点，认为由于生态效益是公共产品，它本身具有的非排他性特征使得确定受益主体很困难，故应由国家财政予以补偿[28]。

⑤生态补偿标准方面的研究。生态补偿标准可以说是生态补偿机制的核心内容，其数额大小关系到生态补偿的效果和可行性。生态补偿标准的确定方法一直是国内学术界研究的热点之一，这方面的研究成果也比较多。比较常用的方法包括生态系统服务功能价值法、机会成本法、意愿调查法、市场法等诸多方法，这些方法在应用过程中各有利弊。综合有关学者的研究成果，补偿标准确定方法的研究主要集中于按效益补偿、价值补偿、成本补偿以及支付意愿补偿。

主张按生态效益补偿的代表性观点有：于德仲(2005)、孙彪等学者(2004)认为应按森林生态效益的大小作为补偿依据。可采取意愿调查法、旅行费用法及假想市场法等环境价值评估的常用方法[47,48]。鲍锋等(2005)提出根据森林资源的生态区位商及其主导生态价值来确定森林的生态补偿标准[49]。李文华等(2007)指出制定森林生态补偿标准应该充分考虑森林生态系统所得供的服务功能效益，生态系统服务功能所产生的效益大约是以木材价值为直接效益的8～20倍[50]。高素萍等(2006)指出按森林提供外部价值量的多少确定补偿标准的做法是一种理论补偿标准，所确定的补偿标准为最大补偿量[51]。

主张按价值进行补偿的代表性观点有：湖北省林业局《林木资产核算研究》课题组(2001)、谢利玉(2000)[28]及张秋根等学者(2001)[30]的研究结果表明：在确定补偿标准时应以生态公益林的价值为基础，具体包括营林的直接与间接投入、发生的灾害损失、利息以及公益林的经营利益损失等，可以采取公益林序列林价计算方法或者按公益林生态效益价值来确定补偿标准[52]。李扬裕等(2004)[31]及刘晖霞(2008)[53]认为在确定生态公益林的补偿标准时，至少应能弥补为维持生态平衡和简单再生产的支出，并使生态效益提供者可获取社会平均利润。姚顺波(2004)指出森林生态补偿的主体应该是政府，将森林产权主体的损失额作为补偿标准。森林生态补偿是对价值的补偿，而不是对效益的补偿[54]。

主张按成本进行补偿的代表性观点有：万志芳等(2001)认为公益林的营林生产属于公益事业，生产者不应以盈利为目的，因此在确定公益林的补偿标准时应主要依据生产经营中所消耗的社会平均成本，不应包括利润[55]。

主张按支付意愿进行补偿的代表性观点有：郎璞玫(2001)认为按森林生态效益所确定的补偿标准往往数额巨大，缺乏现实意义。现阶段应在对森林生态效益计量的基础上，考虑人们的支付能力和意愿，也就是考虑人们愿意为购买森林生态效益支付的金额来确定补偿标准[56]。姚顺波(2005)指出随着人们生活水平的提高，对森林生态产品的需求也日益增加，森林生态产品的价值才会随之增加。目前采用森林使用价值替代法所测算的森林生态价值其理论依据并不充分，往往会夸大森林的生态价值，生态补偿标准的确定应考虑人们为购买生态服务所愿意支付的金额[57]。

在结合上述核算标准利弊的基础上，有些学者提出可采用多种方法相结合来综合确定生态补偿标准。吴水荣等(2001)[35]、李扬裕等(2004)[31]及郎奎建(2000)[58]认为：当前对森林生态效益适宜采取不充分的经济补偿，即采取以价值补偿为主，适当考虑效益补偿的办法。随着森林生态效益研究成果的日趋成熟，并在国家财力允许的前提下逐步向充分补偿过渡。熊鹰等(2004)提出湿地生态补偿标准应以所增加的湿地生态功能服务价值为上限，以农户损失的机会成本为下限，并通过对农户调查了解其支付意愿后在此区间范围内加以确定[59]。秦艳红等(2007)认为以往的研究往往单方面考虑补偿标准和支付标准，二者相互脱节。提出在机会成本和交易成本的基础上，统计生态补偿所需的总费用，然后根据各受益地区的受益程度、支付意愿和支付能力确定各自应承担的支付比例，将总费用在各受益地区进行分摊[41]。

在确定补偿标准时需考虑的因素方面，孔凡斌(2003)及孙德宝(2003)认为在确定补偿标准时应考虑森林自然生态要素，结合林区人口因素及林区经济和社会发展水平，并将以上影响因素划分出等级，按价格效应函数模型确定不同的补偿区间，实行分类、分级补偿的政策[60,61]。黄选瑞等(2002)则认为应该补多少取决于生态价值及生态效益的大小；需要补多少取决于造林和管护成本的多少；能够补多少取决于社会经济的承受能力大小、受益者支付能力和支付意愿的大小[62]。赖晓华等(2004)提出影响生态公益林补偿标准的主要因素有生态区位、生态质量、林分质量以及林分类型等[63]。郑海霞等(2006)提出生态补偿标准是成本、生态服务价值的增加量、受益者支付意愿及支付能力四个方面的综合[64]。金蓉等(2005)则提出了补偿标准取决于生态效益损失量、补偿期限以及道德习惯等因素[65]。

(2)微观层面的研究。国内对于生态补偿微观层面的研究主要是对于不同补偿要素做出的研究或者是对某一微观研究对象所做的实证分析，而对于不同补偿要素方面的研究主要集中在区域生态补偿、流域生态补偿和矿产资源开发生态补偿三方面。

在区域生态补偿方面主要集中于大西部生态补偿的研究。冯晓淼等(2006)在综合生态补偿研究现状的基础上，提出从成本和效益两个角度估算生态补偿额度，并以退耕还林为例建立估算补偿额度的指标体系，旨在为解决“补偿多少”的问题提供有力依据[66]。刘燕等(2008)从西部地区生态环境的战略地位出发，通过对西部地区生态环境补偿方式及存在问题的研究，提出资金补偿是完善西部地区生态环境补偿建设的重要方式，在最大程度上实现西部生态资金补偿的有效性[67]。林幼斌(2004)分析了中国西部的生态环境问题与成因，以及西部的生态环境在中国的战略地位后，指出应建立和完善西部生态环境补偿机制，解决西部的生态环境建设资金不足等问题，最后对西部生态补偿机制的设计和实施中应注意的问题进行了探讨[68]。谢高地等(2003)建立生态因子当量表，对 Costanza 等的参数进行修正，并以此估算了青藏高原的生态资产价值[69]。薛达元等(1999)采用影子工程法、市场价值法及机会成本法等对长白山自然保护区的森林生态系统功能价值进行了评估，评估结果表明保护区总的生态功能价值为 17.65 亿元[70]。陈曦等(2004)根据干旱区生态资产测量的特征，建立了基于遥感的生态资产价值评估模型，为全面开展生态资产测量进行了初步的探索研究[71]。

在流域生态补偿方面，陈瑞莲(2005)认为中国应当采取流域间生态补偿的准市场模式，逐步建立、健全流域间通过民主协商、流域生态价值评估以及流域间经济合作的补偿机制[72]。欧明豪、宗臻玲等(2001)以长江上游地区生态重建的经济补偿机制为研究视角，提出对于流域的经济补偿应实行内部补偿、外部补偿和代际补偿相结合的补偿模式，最终实现长江流域经济、社会和生态环境的可持续发展[73]。熊鹰等(2004)对因洞庭湖湿地恢复所导致的农户利益损失以及恢复湿地生态服务功能所需支出进行了评估，认为应对因湖区生态建设而移民的农户进行生态补偿[59]。顾岗等(2006)采用影子工程法，按南水北调水源地建设所削减的污染物数量来估算水源地生态功能区建设所带来的外部正效应的最低估计值[74]。

在矿产资源补偿方面，张智玲、王华东(1997)以环境资源价值论、外部不经济性及边际机会成本理论为基础，对矿产资源开发中生态补偿标准的理论依据进行了分析[75]。刘金平(2003)对煤矿区农地塌陷导致的收益损失、产生的土地搬迁安置费用及地面沉降损失和矿区水成本等方面进行了研究，确定了矿区环境成本的评估方法并构建了数学模型[76]。

还有一些学者选取某一微观研究对象对生态补偿实践进行实证研究，比较有代表性的有：李晓光等(2009)以海南中部山区为例，采用机会成本法确定了海南中部山区进行森林保护的机会成本(2.37

$\times 10^8$元/年)，探讨了时间因子和风险因子对机会成本的影响[77]。李长荣(2004)使用市场价值法及影子工程法等定量方法对武陵源自然保护区的森林生态系统服务功能价值进行了估算[78]。曹建华等(2002)对江西省遂川县森林资源生态环境效益采用森林资源环境效果评价法和意愿调查法两种方法进行了比较，得出前一种方法评价值大的结论并说明了原因[79]。钟全林等(2002)对井冈山林区生态公益林服务功能价值的补偿意愿采用意愿调查法进行调查，经分析后发现受益者的补偿意愿支付额度差异较大，主要影响因素为家庭年人均收入[80]。

1.3.3　研究现状评述

国内外研究文献表明生态补偿机制的建立非常复杂，即使对于国外市场经济较发达的国家，也是处于摸索过程当中，对于正处于经济体制转型期的中国来说，所面临的问题将更多。从以上国内外研究文献可以看出，国内外学者从不同的研究视角，对生态补偿机制的相关问题提出了自己的见解，关于生态补偿的概念、补偿的理论基础基本上可以达成一致，但国外的经济发展水平与我国有较大差异，其补偿标准的确定更侧重于生态效益补偿及补偿意愿，生态补偿模式也更侧重于市场化的补偿模式。然而由于我国经济发展水平与国外发达国家还有较大差距，长期以来对生态环境重视程度不够，居民的生活水平和受教育程度较低，而生态功能区建设是一个复杂的系统工程，因此其生态补偿标准的确定及生态补偿模式的选择应结合生态功能区的实际情况加以科学确定。这些研究为本书关于大小兴安岭生态功能区建设生态补偿机制构建的研究拓宽了思路，为本书的进一步研究奠定了基础。本书认为在已有的文献中表现为：

(1)研究主要集中于某一地域、某一生态类型补偿的具体案例研究而不是基础原理的探讨。在生态补偿的确定依据方面，各方专家的观点不一，缺乏系统科学的论述，造成“公说公有理，婆说婆有理”，谁也说服不了谁的局面。究其原因，是由于生态补偿机理等关键性问题尚未搞清楚，如补偿客体如何确定这类关键问题尚无定论，是补给林地所有者还是林木所有者？这些基础性的关键问题直接影响到补偿依据的确定。

（2）目前我国制定的生态公益林的补偿标准过低且单一，没有按照生态区位重要性、立地条件、森林资源的质量、区域经济发展水平等因素来确定不同的补偿标准，尚未建立针对不同生态类型或区域制定差异化的补偿标准。而且学者们所建立的生态补偿标准数量化模型若过于复杂，则缺乏可操作性。在构建生态补偿标准模型时应明确影响关键因子及特定参数，本着易简不易繁的原则来确定生态补偿标准。

（3）在补偿途径及融资渠道方面，以政府作为补偿主体的，表现为以纵向转移支付为主，缺乏横向生态补偿机制，对于区域横向财政转移支付的具体措施以及市场化筹资渠道方面的研究还有待加强。

（4）对于生态补偿机制建立的配套支撑体系、区域配套生态产业促进与综合配套政策方面的研究还不多见，尤其对于主体功能区这一新兴领域，如何建立生态补偿利益相关方识别及参与机制、生态建设的绩效评估和政绩考核机制、生态补偿的动力机制及动态调整机制有待深入研究。

由于大小兴安岭生态功能区成立时间尚短，其生态补偿机制尚未建立，通过上面的分析可知目前生态补偿机制方面还有一些关键问题未解决，这为本书的进一步研究留有一定的空间，希望能在这些方面做些有益的尝试。

1.4 研究的主要内容及创新之处

1.4.1 研究的主要内容

本书研究的主要内容分为七部分：

第一部分阐述本书的研究背景、研究目的和意义、研究方法和内容，技术路线和创新之处，重点对生态补偿标准及机制等国内外研究文献进行综述。

第二部分阐述本书相关的重要概念及重要的理论基础，首先对生态补偿相关概念做出界定，然后阐明与生态补偿相关的理论基础，主要包括环境资源价值理论、外部性理论、公共产品理论、可持续发展理论、区域经济发展理论及博弈论。这些理论基础有助于分析生态补偿的动因，有助于确定生态补偿的主体与客体、补偿依据及对补偿途径进行优化，为后续研究的开展奠定了基础。

第三部分阐述我国以政府为主导的天然林保护工程、退耕还林工程、森林生态效益补偿基金等及以市场模式为主导的生态补偿实践，另外对美国、法国、墨西哥及德国等国家生态补偿实践进行阐述，在分别总结国内、国外生态补偿实践经验基础上，阐明了对大小兴安岭生态功能区建设生态补偿的启示，这对进一步完善大小兴安岭生态功能区建设的生态补偿机制有重要的理论和现实意义。

第四部分为大小兴安岭生态功能区建设生态补偿机制的基本框架。首先阐明生态补偿机制建立的原则及生态补偿机制的补偿主体、补偿客体、补偿标准、补偿模式与途径以及补偿资金的来源渠道五个构成要素，并在分析现行补偿标准确定依据的适用性及优缺点基础上，对适合现阶段大小兴安岭生态功能区建设的补偿标准确定依据做出选择，对补偿模式与途径进行分析，阐明了生态补偿机制的运行规律，为大小兴安岭生态功能区建设生态补偿机制一些关键问题的后续研究作了铺垫。

第五部分对大小兴安岭生态功能区建设多维度差异化生态补偿标准进行研究。在构建生态补偿标准计算模型时，从大小兴安岭生态功能区建设的不同阶段、生态区位重要性、生态功能区建设的成本因素、森林资源的自然属性及社会经济发展水平五个维度进行设计，制定阶段性、动态性的差异化补偿标准，通过对生态功能区内不同地域森林等自然资源的分析，确定了不同的生态区位及森林生态效益调整系数，按成本计算出最低补偿标准，按计算模型测算出大兴安岭林区及小兴安岭林区森林生态系统的较高补偿标准，为解决生态补偿机制中生态补偿标准这一关键问题提供了参考依据。

第六部分为大小兴安岭生态功能区建设财政补偿路径的优化。现行财政转移支付制度无法适应生态功能区建设的需要，应从纵向转移支付和横向转移支付两个方面进行优化。在分别阐述各自存在问题的基础上，对纵向转移支付路径进行设计，并重点对横向转移支付制度进行优化研究。在构建基本公共服务均等化指标体系基础上，运用因子分析法建立了区域间横向转移支付模型，对大小兴安岭生态功能区建设生态补偿机制构建中的财政补偿路径优化提供参考。

第七部分为大小兴安岭生态功能区建设生态补偿机制的配套支撑体系。生态补偿机制要想真正能持续发挥作用，有赖于配套的政策、制度的不断完善，应当完善产权制度、生态服务价值评估制度、激励与评价考核机制、约束与监督制度以及社会保障制度等；健全财政、产业、投资、土地与人口政策；完善配套的产业支撑体系，大小兴安岭生态功能区应做大做强生态产业园区、延伸生态产业链、整合生态旅游产业等，以生态产业反哺生态补偿机制，这些都是生态补偿机制得以健康发展的有力保障。

1.4.2 研究的地域范围界定

根据国家《“十一五”规划发展纲要》及全国主体功能区划(2009～2020)的规定，大小兴安岭生态功能区等24个区域被划定为限制开发区域。在这个政策背景下，黑龙江省于2008年出台了《黑龙江省大小兴安岭生态功能保护区规划》。另外2010年12月国家发改委与国家林业局联合下发《大小兴安岭林区生态保护与经济转型规划(2010～2020年)》，该规划的范围包括大小兴安岭林区的50个县(市、旗、区)，其中黑龙江省39个县(市、区)，内蒙古自治区11个旗(市、区)，具体见图1-3大小兴安岭林区生态保护与经济转型规划森林生态功能区范围。

其中黑龙江省大小兴安岭森林生态功能区范围包括北安市、逊克县、伊春市市辖区、铁力市、通河县、庆安县、绥棱县、呼玛县、塔河县、漠河县、加格达奇区、松岭区、新林区、呼中区、嘉荫县、孙吴县、黑河市市区(爱辉区)、嫩江县及五大连池市。具体见表1-1

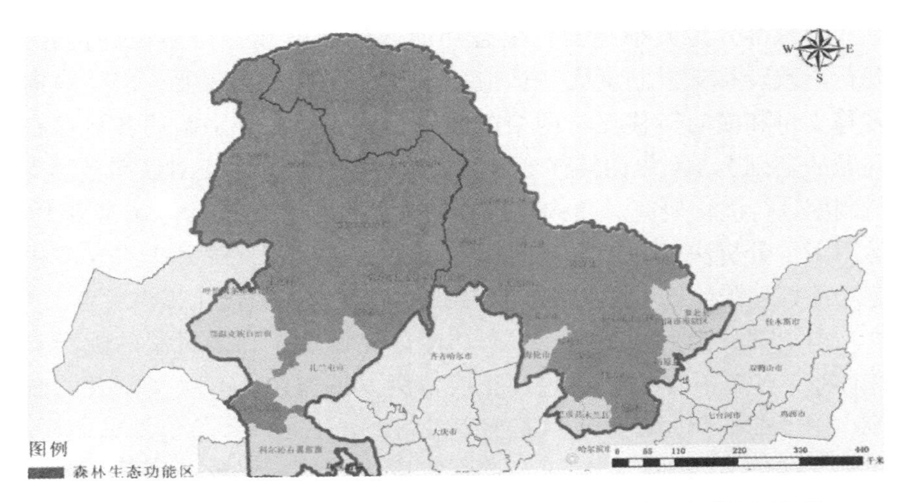

图 1-3　大小兴安岭林区生态保护与经济转型规划森林生态功能区范围

大小兴安岭林区生态保护与经济转型规划区域范围(黑龙江部分)。

本书主要研究生态补偿问题，因而将研究的地域范围限定为黑龙江省的大小兴安岭生态功能区内林区部分。具体包括的范围有：

大兴安岭地区下辖 16 个林业局，其中大兴安岭林业集团公司包括松岭、新林、塔河、呼中、阿木尔、图强、西林吉、十八站、韩家园、加格达奇林业局、呼中保护区及南瓮河保护区；地方林业的 4 个林业局分别为漠河县林业局、塔河县林业局、呼玛县林业局、加格达奇区林业局。

伊春地区下辖 18 个林业局，其中伊春林管局有 16 个林业局，分别为双丰、铁力、桃山、朗乡、南岔、金山屯、美溪、乌马河、翠峦、友好、上甘岭、五营、红星、新青、汤旺河、乌伊岭林业局；地方林业包括嘉阴县林业局、铁力市林业局 2 个林业局。

黑龙江森工集团下辖 8 个林业局，包括兴隆、绥棱、通北、沾河、鹤立、鹤北、、清河及带岭林业局。

黑河地区下辖 8 个林业局，分别为黑河市直属、孙吴县、五大连池市、逊克县、北安市、五大连池管委会、嫩江县及爱辉区林

表 1-1 大小兴安岭林区生态保护与经济转型规划区域范围(黑龙江部分)

省级单位	地级单位	县级单位
黑龙江省	大兴安岭地区	呼玛县、塔河县、漠河县、加格达奇区、松岭区、新林区、呼中区
	伊春市	伊春区、南岔区、友好区、西林区、翠峦区、新青区、美溪区、金山屯区、五营区、乌马河区、汤旺河区、带岭区、乌伊岭区、红星区、上甘岭区、嘉荫县、铁力市
	黑河市	孙吴县、五大连池市、逊克县、北安市、嫩江县、爱辉区
	佳木斯市	汤原县
	鹤岗市	鹤岗市区、萝北县
	绥化市	绥棱县、海伦市、庆安县
	哈尔滨市	通河县、巴彦县、木兰县

业局。

此外，还包括汤原县、鹤岗市、萝北县、绥棱县、通河县、巴彦县、木兰县、依兰县、讷河市、克山县、克东县、庆安县及海伦市地方林业局。

1.4.3 研究的创新之处

(1)构建多维度差异化的生态补偿标准计算模型。从大小兴安岭生态功能区建设的不同阶段、生态区位重要性、生态功能区建设成本因素、森林资源的自然属性及社会经济发展水平五个维度来构建差异化的生态补偿标准计算模型，力求所设计的多维度差异化补偿标准计算模型契合生态功能区建设实际情况，体现出阶段性、动态性及差异化的特点，使生态功能区内不同地区可以依据此模型来确定具有可操作性的、具有激励特征的多维度差异化补偿标准。

(2)引入反映森林自然属性的要素来确定差异化补偿标准。不同地域的森林资源其生态重要性及所发挥的生态效益是不同的，若采用均一化的标准则无法起到激励生态建设者的作用。本书在构建差异化补偿标准计算模型时，结合不同区域生态区位的重要性以及森林资源的林分类型、森林起源、林龄结构等反映森林自然属性的要素，运用层次分析法确定相应的生态区位调整系数及森林生态效益调整系数，所构建的生态补偿标准计算模型可以确定大小兴安岭生态功能区某一具体地区甚至某一地块的补偿标准，为今后补偿至具体林农以提高补偿效果提供了参考。

(3)优化大小兴安岭生态功能区建设的财政补偿路径。我国现行基于生态功能区建设的财政转移支付政策有一些需要改进的地方，本书对与生态补偿相关的纵向转移支付项目进行优化和整合，并重点对横向转移支付制度进行设计。横向转移支付的依据应当是基本公共服务均等化，在对基本公共服务均等化指标体系构建的基础上，运用因子分析法对不同地区基本公共服务均等化能力进行评价并确定综合得分，采用“超额累进”的办法，确定应上解资金额度，将其纳入“横向转移支付资金池”，并以综合得分大小来确定权重对上解的横向转移支付资金进行分配，可以确定不同区域间横向转移支付的额度，为我国横向转移支付制度的最终确立提供参考依据。

(4)提出大小兴安岭生态功能区建设生态补偿机制的配套支撑体系。为了保持生态补偿机制的长效性，需要系统研究实施和完善生态功能区建设生态补偿机制的内外部环境政策因素，需要配套的、健全的制度和政策等予以支撑。在建立健全生态补偿相关评价、激励等制度及财政、土地等政策的基础上，尤为重要的是提高以生态产业发展反哺生态补偿机制的能力，通过相关配套机制的支撑最终构建以财政转移型生态补偿为主，将反哺式生态补偿以及生态补偿机制的配套机制相互融合的综合生态补偿机制。

1.5　研究方法

(1)文献分析法。通过查阅知网、生态补偿相关法规规定及内部资料等，对生态补偿相关理论、研究概况等认真分析，做好理论铺垫。一是检索相关研究动态，掌握相关研究的最新进展。二是收集与本书相关的环境资源价值论、可持续发展理论、外部性理论、公共产品理论、区域经济理论等作为研究的理论依据；三是收集大小兴安岭生态功能区生态资源状况、林区发展情况及生态补偿机制实施情况等方面的数据，为研究提供科学论据；四是收集国外生态补偿实践的成功经验，为完善大小兴安岭生态功能区生态补偿的实践及探索配套支撑体系提供参考。

（2）规范分析与实证分析结合法。本书在进行规范研究时，运用生态补偿的相关理论阐明生态补偿动因等基础上，探索生态补偿机制构建的基本要素，并着重对生态补偿机制建立的关键问题，如差异化补偿标准、基于生态功能区建设的财政补偿路径优化以及配套支撑体系等内容进行研究；同时对大小兴安岭生态功能区建设过程中生态补偿的实践进行调查，分析目前存在的问题并探索完善生态补偿机制的措施，并以大兴安岭林区和小兴安岭林区森林生态系统的森林资源二类调查数据为基础研究数据，对补偿标准进行了测算，采用规范分析与实证分析相结合的方法对完善大小兴安岭生态功能区建设生态补偿机制提供了依据。

（3）定量分析法。本书运用定量研究方法，如采用层次分析法等方法对大小兴安岭生态功能区建设中多维度差异化补偿标准进行分析并构建相应模型。在横向转移支付体系确立过程中，采用因子分析法构建基本公共服务水平测度模型，对区域间的横向转移支付额度进行定量研究，力争为完善大小兴安岭生态功能区建设的生态补偿机制提供理论支撑。

（4）系统分析法。大小兴安岭生态功能区建设生态补偿机制的建立与完善是一项复杂的系统工程，既要实现生态功能区内人口、资源与环境的可持续发展，还需要其他相关制度与政策的完善与扶持，而且生态补偿机制的建立离不开国家财政支持及自身生态优势产业的发展来反哺生态补偿机制，因而要用系统论的方法，对生态补偿机制复杂交织的构成要素进行系统的全面规划与布局，才能建立与科学发展观相适应的生态补偿机制。

2

相关概念及研究的理论基础

大小兴安岭生态功能区建设生态补偿机制的建立是一个复杂的问题，很多关键问题还没弄清楚，例如生态补偿的动因、具有激励性补偿标准的确定、补偿途径的选择等，而这些问题的解决，首先要搞清楚一些基本概念，还要找到一些理论依据，本章将阐述生态补偿的相关概念和研究的理论基础。

2.1 相关概念厘定

研究生态补偿机制，必须首先要搞清楚生态补偿和机制的含义。本书研究地域范围界定为大小兴安岭生态功能区，因此也要搞清楚主体功能区与生态功能区等相关概念。

2.1.1 生态补偿

要厘清生态补偿的含义，首先要分别搞清楚生态和补偿这两个词的内涵。

(1)生态的内涵。生态学中的“生态”反映的是生态系统存在的状态及其规律，生态系统是指在一定空间中共同生活的所有生物，包括动植物和微生物组成的生物群落，与环境之间通过不断进行着物质循环以及能量流动，从而形成的统一整体。这里的“生态”涉及生态系统的生态效应、生态服务功能和生态效益。

生态效应可以分成三个层次，一是生态系统中某个生态因子对其他生态因子的影响，二是各生态因子对整个生态系统的影响，三是某个生态系统对其他生态系统产生的某种影响或作用。生态效应可能是正面的，例如森林调节气候及水土保持等；也可能是负面的，如温室效应等(环境科学大辞典，1991)[81]。

生态服务功能通俗地讲就是人类从生态系统中所获得的好处，包括生活必需品服务功能，如食物、水、木材等；调节服务功能，如调节气候、调蓄洪水、处理废物和调整水质等；文化服务功能，如提供休闲、审美与精神享受等；支持性服务功能，如土壤的构成、光合作用与营养循环等(千年生态系统评估委员会，2005)[82]。生态服务功能常被简称为生态服务，生态效应与生态服务功能相比较而言，前者侧重于描述生态系统的自然属性，而后者主要侧重于对生态系统的经济和社会属性进行描述。

国内学者从不同角度对生态效益的概念做出过描述，但迄今为止尚无统一定论，但我国大多数研究者均认为生态效益是指生态系统及其影响所及范围内对人类社会有益的全部效用。生态效益和生态服务的涵义非常接近，只不过生态效益多用于描述生态服务的具体价值。

在本书其他内容的论述中，将生态效益、环境效益或生态服务不做严格区分(特别加以说明的除外)，因为它们都表达了“生态系统功能对人类的有用性”这样相同的含义。

(2)补偿与补助的区别。“补偿”一般是指主体在某方面有损失，就应在其他方面有所收获，即抵消(损失、消耗)。在《辞源》中将“补助”解释为对有困难的一方提供经济上的帮助，主要是出于道义和伦理的考虑，多指组织对个人的行为[83]。补偿可以说是对所有者损失偿还的一种经济行为，而补助是对达不到平均水平的一种经济性帮助，可以看做是一种福利行为。

补偿应用于林业是非常有必要的，以森林生态系统为例，森林具有多种生态功能，如保持水土、防风固沙及改善生态环境等。森林长期以来为社会提供的巨大生态效益不容忽视，但却长期被人们免费享用。随着林业政策的调整，为了国家发展需要，一些地区被划为限制开发区或禁止开发区，出台了限制林木采伐的措施，制约了该地区的经济发展及人民生活水平的提高，因此国家应做出相应补偿。实际上在我国已出台的林业相关政策中一直没搞清楚补偿与补助的区别，如2004年财政部会同国家林业局颁布的《中央森林生态效益补偿基金管理办法》中规定“中央补偿基金是对重点公益林管护者发生的营造、抚育、保护和管理支出给予一定补助的专项资金[84]”。从上述规定中可以看出此补偿资金的性质是补助，而不是补偿。要想建立生态补偿机制就必须将补偿与补助的界限彻底搞清楚，补助是主体做出的一种恩赐的行为，是否做出补助的决定完全取决于补助主体的意愿，不具有强制性，也没有具体数额的限制，有较大的随意性；而补偿是补偿主体由于某种经济行为的发生所应尽的义务。

(3)生态补偿的涵义及分类。国外最早把生态补偿当做是一种用于修复受损生态系统或为弥补生态服务功能的损失而异地重建的做法。随着生态补偿理论的逐步发展完善，与国外生态补偿概念更为接近的是 Payment for Environmental Services（简称 PES），常被译为“环境服务付费”，它是按生态服务功能价值量的大小向环境保护和生态建设者支付相应费用，促使他们能积极地保护环境和进行生态建设。

“生态补偿”这一术语，在我国学者的相关研究文献中有多种称谓，如环境补偿、生态效益补偿及环境服务补偿等。生态补偿(ecological compensation)概念最早是生态学中自然生态补偿的概念，后来才引入到社会科学领域。自然生态补偿是指生态系统在受到干扰时所表现出来的那种对自身状态进行调节以不断维持生存的能力，或者是还原生态负荷的能力(环境科学大辞典，1991)[81]。

李文华等(2006)认为生态系统服务功能付费和生态效益补偿这两个概念在内涵上既有交叉也有细微差别。生态系统服务功能付费，其补偿的客体是生态环境，即对生态系统所形成并维持人类赖以生存的生态服务功能。生态效益补偿，其补偿的客体是人，即提供了生态效益却没有得到相应补偿的人，是对与生态环境相关的经济主体的补偿[85]。

有的学者认为生态补偿是一种保护环境资源的经济手段，或者为调动生态建设的积极性而采取的利益驱动机制、激励与协调机制。洪尚群等(2001)、毛显强等（2002)学者认为:“生态补偿是指通过对破坏环境的行为收费以提高该行为的成本，从而迫使环境破坏者减少因其损害行为所带来的外部不经济性；或者通过对保护环境的行为予以补偿以提高保护行为的受益水平，从而激励生态保护提供者增加因其保护行为所带来的外部经济性，以达到保护资源的目的[86,87]。”

总之，由于生态补偿本身的复杂性和研究侧重点的不同，尽管不同学者对生态补偿的表述不尽相同，对其内涵的理解也不尽一致，但有一点已达成共识，那就是生态补偿的内涵已经从最初的自然生态补偿逐渐演变为一种社会经济机制。

目前理论界对生态补偿外延的界定主要有两种，一种是广义的理解，即生态补偿既包括对污染环境的补偿(又被称为“抑损型”生态补偿)，也包括对生态功能的补偿(也被称为“增益型”生态补偿)；另外一种是狭义的理解，即只是单纯对生态功能的补偿。

学者们从不同的角度，对生态补偿的主要类型做了划分[88]，具体见表2-1，基本可以揭示生态补偿的某些重要特征。

表2-1 生态补偿的主要类型

分类依据	主要类型	内涵
补偿对象性质	保护补偿	对为生态保护作出贡献者给予补偿
	受损补偿	对在生态破坏中的受损者进行补偿和对减少生态破坏者给予补偿
条块角度	区域补偿	由经济比较发达的下游地区反哺上游地区
	部门补偿	直接受益者付费原则

（续）

分类依据	主要类型	内涵
政府介入程度	强干预补偿	通过政府的转移支付实施生态保护补偿机制
	弱干预补偿	指在政府的引导下实现生态保护者与生态受益者之间自愿协商的补偿
补偿效果	输血型补偿	政府或补偿者将筹集起来的补偿资金定期转移给被补偿方
	造血型补偿	补偿的目标是增强落后地区发展能力
可持续发展	代内补偿	指同代人之间进行的补偿
	代际补偿	指当代人对后代人的补偿
补偿区域范围	国内补偿	国内补偿还可进一步划分为各级别区域之间的补偿
	国家间补偿	污染物通过水、大气等介质在国家之间传递而发生的补偿等
补偿的途径	直接补偿	由责任者直接支付给直接受害者
	间接补偿	由环境破坏责任者付款给政府有关部门，再由政府有关部门给予直接受害者以补偿
补偿资金来源	国家补偿	由国家财政支付补偿
	社会补偿	泛指由受益的地区、企业和个人提供的补偿
补偿的内涵	广义补偿	污染环境的补偿和生态功能的补偿
	狭义补偿	生态功能的补偿

资料来源：丁四保，王昱．区域生态补偿的基础理论与实践问题[M]．北京：科学出版社，2010，14。

2.1.2 生态补偿机制

“机制”一词其原始含义是指机械装置、机械构造、机关等。随着机制一词应用范围日益广泛，其内涵也发生了较大变化。《现代汉语词典》(商务印书馆，1996 年版)把“机制”解释为：“①机器的结构和工作原理；②有机体的构造、功能及相互关系；③某些自然现象的物理和化学规律；④泛指一个工作系统的组织或部分之间相互作用的过程和方式。”[89] 机制这个概念目前被广泛运用于自然、社会、经济各个领域，机制泛指一个系统中各元素之间的相互作用的过程和功能。在现代经济学中，机制一词常被用作解释经济系统的工作原理，即其功能各异的组成部分相互配合与衔接，最终实现总功能的机理。换句话说，其实质是系统内各组成部分相互作用，以促进系统正常运行的内在工作方式。

任勇将生态补偿机制定义为生态补偿机制是一种经济激励制度，它以将相关活动产生的外部行为内部化为原则，目的是维护、改善和恢复生态系统正常的服务功能，调整环境保护相关利益者在保护环境过程中所产生的环境利益及经济利益关系[37]。生态补偿机制是揭示生态补偿主、客体之间相互影响、相互作用的规律以及相互之间的协调关系，为达到顺利实施生态补偿的目的，通过某种运行方式和途径，将各个组成部分有机联结在一起的过程和方式。

2.1.3　主体功能区与生态功能区

“十一五规划纲要”中明确了四类主体功能区的功能定位，对国家级的限制开发和禁止开发区域的地域范围进行了规定，对相关的配套政策进行了必要的说明。主体功能区的划分是参照以下各项指标做出的，具体见表2-2各类主体功能区的指标项取值依据[90]。

表2-2　各类主体功能区的指标项取值依据

指标项	主体功能区			
	优化开发	重点开发	限制开发	禁止开发
人口集聚度	+ + + +	+ + +	+	−
经济发展水平	+ + + +	+ + +	+	−
交通优势度	+ + + +	+ + +	+ +	−
可利用土地资源	+ + +	+ + + +	+	−
生态系统脆弱性	+	+	+ + +	+ + +
生态重要性	+	+	+ + +	+ + +
可利用水资源	+ +	+ + +	+	−
环境容量	+ +	+ + +	+ +	−
自然灾害危险性	+ +	+ +	+ + +	+

（续）

指标项	主体功能区			
	优化开发	重点开发	限制开发	禁止开发
战略选择	-	++	+	-
基本农田保护			++++	
环境整治与生态修复			++++	

注：“+”号数量代表取值高低，“-”号代表取值不确定，后两项为补充指标。

资料来源：丁四保等，《主体功能区的生态补偿研究》，北京：科学出版社，2009，56。

严格来讲，主体功能区和生态功能区是不同的两个概念，很多区域都既有经济发展功能也有生态服务功能，但主体功能区更强调该区域在主体功能上的定位，而弱化其他次要功能。两者有一定的区别，也有一定的联系。区别体现在：主体功能区源于主体功能区划，而生态功能区源于生态功能区划。具体体现在两者的区划目的不同，主体功能区划的目的是为实现国土空间合理的区域功能分工格局，而生态功能区划的目的是为生态保护和建设提供科学依据。另外主体功能区划既重视区域的经济开发功能，也重视生态服务功能；而生态功能区划只侧重于生态服务功能。两者的联系在于按主体功能被划分为限制开发区域或禁止开发区域的地区往往是目前重要的生态功能区。

因为本书研究的地域范围界定为大小兴安岭生态功能区，因而着重阐述限制开发区的相关内容。在四类主体功能区中，限制开发区域是指资源环境承载能力较差，没有能力进行大规模集聚经济和人口迁移，生态地位极其重要，关系到全国乃至较大区域范围生态安全的区域。国家将限制开发区分为农产品主产区与生态功能区两种类型。生态功能区按级别分为国家级与省级两个级别。在规划中按照生态脆弱性与生态重要性两个指标，划定了大小兴安岭森林生态功能区、三江源水源涵养地等25个国家级的重点生态功能区。限制开发区域的相关政策见表2-3[90]。

表 2-3　主体功能区划的相关政策(限制开发区部分)

保障政策	政策内容
财政政策	以实现基本公共服务均等化为目标，完善中央和省以下财政转移支付制度，重点增加对限制开发区用于公共服务和生态环境补偿的财政转移支付
投资政策	逐步实行按主体功能区与领域相结合的投资政策，政府投资重点支持限制开发区域公共服务设施建设、生态建设和环境保护，支持重点开发区域基础设施建设
产业政策	引导限制开发区域发展特色产业
土地政策	严格对限制开发区域的土地用途管制，严禁改变生态用地用途
人口管理政策	按主体功能定位调控人口总量，引导人口有序流动，逐步形成人口与资金等生产要素同向流动的机制，引导限制开发区域人口逐步自愿平稳有序转移，缓解人与自然关系紧张的状况
环境保护政策	限制开发区要坚持保护优先，确保生态功能的恢复和保育
绩效评价和政绩考核	限制开发区要突出生态建设和环境保护等的评价，弱化经济增长、工业化和城镇化水平的评价

资料来源：根据丁四保等《主体功能区的生态补偿研究》(北京：科学出版社，2009，57)相关资料整理。

2.2　相关理论基础

根据主体功能区划，不同区域承担不同的主体功能，而大小兴安岭生态功能区主要承担生态环境保护功能，弱化其经济发展功能，有区域经济的特征。而生态服务价值具有公共品特征，这就决定了生态补偿不同于一般的商品交易，不能主要依赖于市场交易来实现。基于生态补偿机制建立的复杂性，下面对环境资源价值理论、外部性理论、公共产品理论、可持续发展理论、博弈论以及区域经济发展理论等进行研究，来解释“为何补”“如何补”及“补多少”，以构建大小兴安岭生态功能区建设生态补偿机制研究的理论分析框架。

2.2.1 与生态补偿动因相关的理论

构建生态补偿机制的关键，是在搞清楚生态补偿含义的基础上，了解为什么要进行生态补偿，如果这个问题搞不清楚，将无法准确界定补偿主体和客体，生态补偿也就无从谈起，所以弄清楚生态补偿的动因是非常重要的内容。目前可以解释生态补偿动因的理论主要有外部性理论、公共产品理论、可持续发展理论以及博弈论。

2.2.1.1 外部性理论

外部性(externality)理论的代表人物有马歇尔、庇古和科斯。作为新古典经济学派的代表，1890 年马歇尔出版的《经济学原理》中最早提出了“外部经济”(external economics)的概念，马歇尔对外部经济的研究侧重于分析生产要素的变化对企业的影响。他指出资源所带来的效果具有双重性，一方面资源可以用其产品和服务满足人类的需要，即“外部经济性”；另一方面经过人类利用后所产生的废弃物将污染环境并且使人类利益遭受损失，即“外部不经济性”。在马歇尔之后，作为福利经济学的创始人，庇古首次从福利经济学的角度系统研究了外部性问题。1920 年庇古出版了《福利经济学》，他在分析边际的私人成本与社会成本，边际的私人收益与社会收益存在不一致现象的基础上，来阐述外部性问题。与马歇尔不同的是，庇古侧重于分析企业或居民对其他企业或居民的影响效果，并且提出了负外部性这一概念。他认为：正外部性是指通过某个经济行为主体的行动会给他人或社会带来益处，而受益方无需支付任何代价；而负外部性是指通过某个经济行为主体的行动会给他人或社会带来损失，而造成损害的人却未付出成本。

下面用图 2-1 外部经济性和图 2-2 外部不经济性来分析因为存在外部性需要作出生态补偿的根本原因。

(1)外部经济性的情况。图 2-1 可以描述在出现外部经济的情况下，如何通过补偿来内化外部收益。

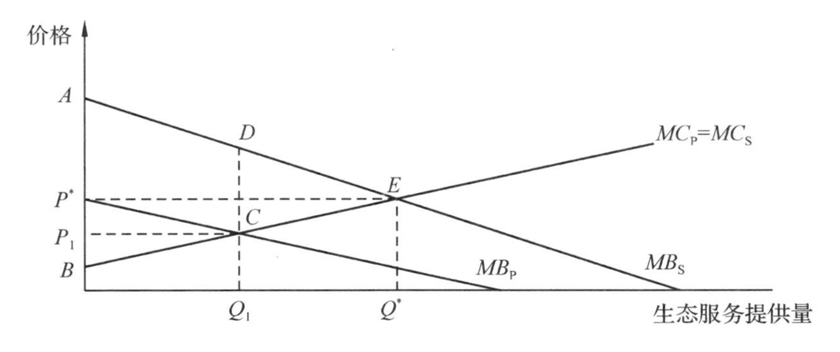

图 2-1 外部经济性

假设我们把生态服务当做可以交易的商品，图中横坐标为生态服务的提供量，纵坐标为生态服务价格。我们用 MB_P和 MB_S分别表示边际私人收益和边际社会收益，两者之差为边际外部收益，用 MB_E来表示。MC_P和 MC_S分别表示边际私人成本和边际社会成本，此时 $MC_P = MC_S$。对于具有正外部性的物品，当保护者的行为改善了生态系统的服务功能时，会产生外部收益。此时边际私人收益小于边际社会收益，通常会造成私人供应量小于社会最佳需要量，保护者行为所产生的外部收益没有被内部化，导致社会福利损失，这时保护行为产生的生态服务提供量为 Q_1，对应的价格为 P_1，生产者剩余为 P_1BC 围成的区域，消费者剩余为 P^*P_1C 围成的区域，而外部收益为 AP^*CD 围成的区域，这部分外部收益实际被消费者共同享有，并未支付给生产者，此时社会实际总福利水平为 $ABCD$ 围成的区域。

在划定了生态功能区后，要求生产者(保护者)所提供的生态服务量提高到 Q^*，但在外部收益没有内部化的情况下，生产者往往从自身利益最大化的角度出发，不会自愿将生态服务提供量从 Q_1提高到 Q^*。为了纠正这种外部性，可以对生产者提供的生态服务给予一定补偿，激励生产者将所提供的生态服务量达到社会所要求的最优提供量 Q^*。在新的均衡下，消费者剩余和生产者剩余都得到了提高，消费者剩余增加至 AP^*E 围成的区域，生产者剩余增加至 P^*BE 围成的区域，社会总福利水平增加至 ABE 围成的区域。生产者增加的成本为 CQ_1Q^*E 围成的区域，增加的额外收益为 P^*P_1CE 围成的区域，只有当受益者支付的补偿额达到上述增加的成本和额外收益部分，才能使生产者提供的生态服务量达到 Q^* 水平，也就是说生产者增加的成本和额外收益部分都是需要补偿的。

（2）外部不经济性的情况。由于人们的生产经营活动使生态功能受到破坏却未得到相应补偿时，就会产生外部不经济性。对于具有外部不经济性的产品由于边际私人成本小于边际社会成本，可能造成私人供给量多于社会最佳供给量，会对社会造成危害，需要考虑如何进行补偿来内部化外部性。下面以矿产资源开发为例，分析资源开发带来的生态服务功能受到破坏时对外部成本的补偿，如图 2-2 所示。

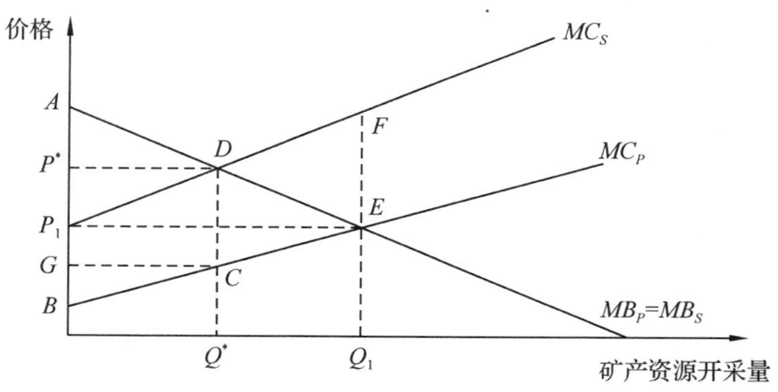

图 2-2　外部不经济性

图 2-2 中横坐标为矿产资源开采量，纵坐标为矿产资源的价格，MC_P 和 MC_S 分别表示边际私人成本和边际社会成本，二者之差表示边际外部成本，用 MC_E 表示。边际私人收益用 MB_P 表示，边际社会收益用 MB_S 表示，此时 $MB_P = MB_S$。具有外部不经济的产品，在缺乏政府管制的情况下，资源开采量为 Q_1，此时消费者剩余为 AP_1E 围成的区域部分，生产者剩余为 P_1BE 围成的区域部分，外部成本为

P_1BEF 围成的区域部分，这些外部成本表明矿产资源开发所造成的生态环境破坏并未得到内部化或相应补偿。

从图 2-2 可以看出，社会最优开采量为 Q^*，在新的均衡条件下，消费者剩余为 AP^*D 围成的区域，生产者剩余为 GBC 围成的区域，P^*GCD 围成的区域可视为对外部成本的补偿。在新的均衡下社会实际总福利为 $ABCD$ 围成的区域，比原来的社会总福利降低了，这部分是社会总福利的额外损失，综合考虑资源开发带来的外部成本以及福利损失，外部成本实际净减少了 DEF 围成的区域。由此可以看出，在开采量为 Q^* 时，仍然会存在生态环境的破坏，政府可以通过征税等手段将外部不经济性内部化，以降低损害程度。

其他学者从不同角度定义了外部性，如萨缪尔森和诺德豪斯给出的定义为外部性(或溢出效应)指的是企业或个人向市场之外的其他人所强加的成本或收益。这一定义得到了广泛认同，还有的学者从外部性接受者角度作出了定义，如兰德尔认为外部性是用来表示当一个行动的某些效益或成本不在决策者的考虑范围内时所产生的一些低效率现象，即某些效益被给予或某些成本被强加给未参加这一决策的人(沈满洪，何灵巧，2002)[91]。当某人的活动对其他人的利益产生影响，而这种影响未能通过相应的市场交换产生对价关系，就产生了外部性。可以这样认为，外部性是导致市场失灵的重要原因之一，需要政府采取相应措施加以干预，以达到外部效应内部化的目的。

解决外部性常采用的政策手段主要有两种，一种是市场手段(科斯定理)；另一种是政府干预手段(庇古税)。科斯是新制度经济学的创始人，他在前人研究基础上提出著名的“科斯定理”，通过交易费用和产权理论，提出通过明确资产权属来解决外部性问题。但科斯定理的运用是要满足以下假设条件的：一是较低的交易成本；二是产权必须明晰；三是外部性影响所涉及的范围较小。也就是说在交易谈判对手较少时，市场交易费用远低于政府干预成本，可能通过市场机制解决外部性问题，反之会出现市场失灵，仍需政府干预。

通过征税和补贴，以实现外部效应的内部化，这种思路后来被人们直接称为“庇古税”(Pigou Tax)。科斯定理适用性差，尤其在公益林的生态效益补偿方面，往往要依靠庇古税的手段。

2.2.1.2 公共产品理论

公共产品(public goods)是相对于私人产品而言的。萨缪尔森1954年在《公共支出的纯理论》中，最早对公共产品做出严格定义：当某人消费某种产品或劳务不会导致别人对该种产品或劳务的消费减少时，这种产品或劳务即为纯粹的公共产品或劳务。而私人产品是那些可以分割，可供不同人消费且对他人没有外部成本或收益的物品。弗里德曼（Milton Friedman)将公共产品定义为该产品一旦生产出来，生产者就无法决定谁来得到它。

纯公共产品区别于私人产品，具有以下三种特征：一是效用的不可分割性，即公共产品是向整个社会提供的，其效用由成员共享无法分割；二是消费的非竞争性，即某人对公共产品的享用并不排斥其他人同时享用，也不会因此而减少他人享受的数量或质量；三是受益的非排他性，即没有办法将拒绝支付费用的个人排除在公共产品的受益范围之外。

社会产品包括私人产品和公共产品两类。私人产品具有明确的产权特征，在形体上具有可分割性，在消费时具有竞争性和排他性。与私人产品相反，公共产品在形体上难以分割，消费不具有竞争性和排他性。在判断某一产品是否公共品时，判别标志为看它是否具有非排他性和非竞争性。同时具备这两种特征的，称为纯公共产品；而完全由市场来决定的产品是纯私有产品。介于两者之间的称为准公共产品，准公共产品只具备非竞争性或非排他性其中一个特征。准公共产品包括两种情况：一种是只有非排他性但具有竞争性的共同资源，例如公共渔场、牧场等产品；另外一种是只有排他性而不具有竞争性的产品如俱乐部产品，像收费桥梁、收费游泳池和电影院等。产品可分为纯公共产品、公共资源、俱乐部产品和私人产品四类，见表2-4。

表 2-4 经济产品的分类

		排他性	
		有	无
竞争性	有	私人产品	公共资源
	无	俱乐部产品	纯公共产品

由于公共产品没有排他性，导致消费公共产品的人无需为享有该产品所提供的服务付费，往往通过“搭便车”行为就可以获益。任意消费者都可以搭便车而无需付费，就会出现众多所谓的“所有者”无顾忌地争相利用，容易导致生态资源被过度利用的问题出现，最终导致全体所有者的利益因此受损，从而出现“公地的悲剧”(Public Tragedy)。生态功能区的森林生态系统等所提供的生态服务亦属于公共产品，应采取生态补偿机制调动生态功能区政府及居民进行生态保护的积极性，避免“悲剧”重现。

对于公共产品必须了解每个人对边际产出的估价。把所有享受该公共产品人员的估价加总，就可以得到边际收益。要决定公共产品供给的有效水平，必须使加总的边际收益等于生产的边际成本。公共产品的总体需求与私人产品的总体需求不同，私人产品的总体需求曲线是个人需求曲线的水平加总，而公共产品的总体需求曲线是个人需求曲线的垂直加总。

下面用图 2-3 来表示空气的有效供给。假设在空气市场上只有两位消费者，D_1 和 D_2 分别代表两个消费者的需求曲线。对个人来说，空气质量的支付意愿和消费者剩余的意义与私人产品完全相同。但两人对于空气质量的改善程度的评价是有差异的，这意味着他们具有不同的支付意愿，这种差异与教育背景、收入水平等因素密切相关。在既定的价格水平上，由于空气具有公共产品性质，新的消费者加入后并不影响其他消费者对空气的消费量，两个消费者对空气的消费量是相同的。因此对于公共产品来说，总体需求是在需求总量不变条件下个别需求的加总。为了得到市场的总体需求曲线，只需要把每一个消费者对空气的个别需求曲线垂直加总。由于所有个别需求曲线是向右下方倾斜的，所以市场总体需求曲线也是向右下方倾斜的，消费的社会边际收益由需求曲线 D_1 和 D_2 垂直相加后的总需求曲线 DD 决定。图中 SS 为与生态产品边际成本相一致的供给曲线，需求曲线 DD 与供给曲线 SS 交点 O 所对应的产量 Q^* 为均衡产量，也就是理论上清洁空气的最优供给量。交点 O 所对应的生态产品的价格 P^*，是所有消费者愿意为 Q^* 单位的清洁空气所支付的价格总和。P_1 为第一个消费者的出价，P_2 为第二个消费者的出价，$P^* = P_1 + P_2$，这时在 O 点空气供给的社会边际成本等于社会边际收益，实现了帕累托最优。

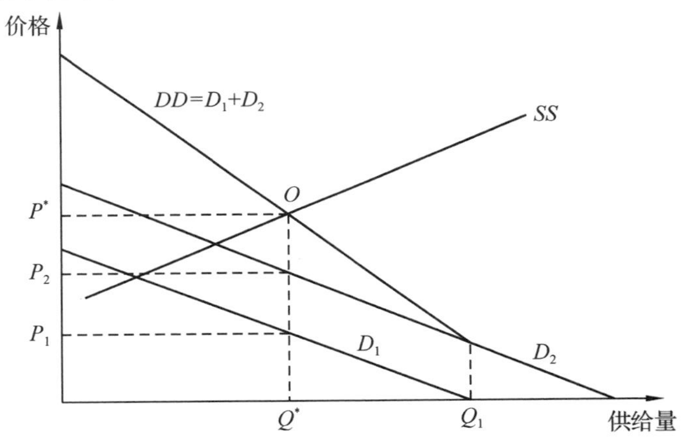

图 2-3　空气的有效供给

2.2.1.3　可持续发展理论

可持续发展理论（Sustainable development theory）其形成过程经历了很长时间。自 1972 年斯德哥尔摩联合国人类环境会议上，国际社会团体首次提出生存水平与环境质量之间关系以来，可持续性的概念不断完善。最为著名的是 1972 年梅多斯（Meadows）等人发表的《增长的极限》一书，认为人类社会的增长由五种相互影响、相互制约的发展趋势构成，即加速发展的工业化、剧增的人口、粮食的短缺、不可再生资源的枯竭和生态环境的恶化，而且它们是按指数增长，将会由于粮食短缺和环境破坏于21世纪某个时段达到极限，以致经济系统的崩溃，必须通过限制人口增长和防止污染才能加以阻止[92]。世界环境和发展委员会(WECD)发表了《我们共同的未来》的报告(1987)，在这一报告中明确将可持续发展定义为可持续发展是既要满足当代人的需求，又不会威胁和危害到后代人满足其需要能力的一种发展。联合国环境与发展大会(UNCED)于1992年发布了《里约热内卢环境与发展宣言》(简称里约宣言)，它把可持续发展的定义做了进一步阐述，认为人类有权利享有在与自然和谐相处的前提下过健康、富裕的生活，并能公平地满足当代及后代人在环境和发展方面的需要。在这一宣言中把可持续发展战略地位升至全球发展战略，可持续发展的观念逐渐被世界各国所接受和认同。

可持续发展通常由经济、环境和社会三部分组成，主导可持续发展的主要因素有人口、贫穷、污染、公众参与、政策与市场失灵以及灾害的预防与控制。为实现可持续发展，必须打破两个恶性循环，如图2-4可持续发展、环境与贫穷间的关系[93]所示。

左边的循环说明了贫穷是如何导致资源的永久损耗与退化的。在纯粹生存的需求下，贫穷会造成环境的污染与土壤的侵蚀，而污染与土壤的侵蚀反过来还会加剧贫困。右边的循环演示了发展是如何导致资源的损耗、恶化和气候变化的，这些环境问题如果得不到很好解决，必将阻碍发展进程。

可持续发展研究都遵循了共同的研究前提：地球上的自然资源总量是有限的；人类的生存和社会、经济的发展依赖于环境资源并受其约束。可持续发展特别注重发展的可持续性原则，要求人类只能在资源和环境的可承受能力范围内寻求经济与社会的发展，以保证发展的可持续性。可持续发展主要包括以下三个方面的内涵：一是共同发展。地球上的所有生物以及位于地球上的所有国家或地区都要实现可持续发展；二是协调发展。要在生态环境可承受能力的范围内，促进经济、社会与环境三大系统的整体协调以及国家或地区经济与人口、资源、环境、社会以及内部各个阶层的协调；三是

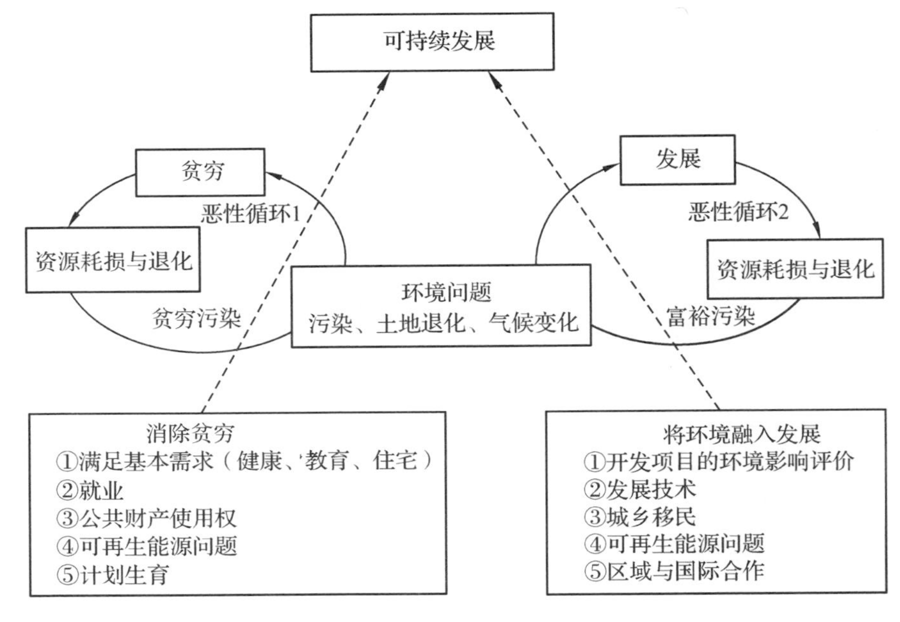

图 2-4 可持续发展、环境与贫穷间的关系

（资料来源：彼得·P·罗杰斯，卡济·F·贾拉勒等．可持续发展导论．北京：化学工业出版社，2008，21）

公平发展。一方面要求当代人的发展不能以损害后代人的发展能力为代价，另一方面要求一个国家或地区的发展不能以损害其他国家或地区的发展能力为代价。

可持续发展本质上反映了生态文明的发展观与实现观，可持续发展的重要标志是资源的永续利用和良好的生态环境。林业的地位非常重要，它既是国民经济重要的基础和支柱产业，也是与生态环境建设密切相关的公益事业；既承担着改善生态环境的重任，也兼具促进经济发展的使命。联合国环境与发展大会（UNCED）于 1992 年通过了《关于森林问题的原则声明》，提出应以可持续的方式对森林资源和土地加以合理利用，既要满足当代人对于经济、社会及文化等方面的需求，还要考虑后代人的需求。林业部于 1995 年制定了《中国 21 世纪议程林业行动计划》，将林业可持续发展明确定义为：

既满足当代人的需求又不能损害后代人的需求，并应随着我国经济发展水平和人民生活质量的不断提高，满足其日益增长的对物质产品和生态服务功能的需求，最终实现林业生态、经济和社会效益的统一[94]。而国家的主体功能区划政策正是为了实现可持续发展的目标而出台的，生态补偿机制的建立与完善关系到生态功能区建设的成败。

2.2.1.4 博弈论

博弈论译自英文“game theory”，也称对策论，谢识予(2002)曾对博弈论做过一个比较直白的定义，即博弈是指一些个体、队组或其他组织，面对某种环境条件，在既定的约束条件下，依据各自所掌握的信息，同时或先后，一次或重复多次，从各自允许选择的行为或策略集中进行选择并实施，各自取得相应结果的过程[95]。一个博弈通常要设定四个方面：博弈的参加者、各博弈方各自可选择的全部策略集、进行博弈的次序以及博弈方的得益。博弈参加者指参加博弈的当事人，博弈参加者可能是一个个体，也可能是一个组织。在经典的博弈论中，要事先假定博弈参加者均为理性的，他们所选定的最佳策略一定是使自己的得益最大化。博弈的过程就是各个理性的博弈方选择自己决策的过程，当各博弈方都不愿单独改变自己策略的策略组合时，此博弈有解，这个策略组合就是“纳什均衡”。在一个博弈中纳什均衡可能是一个，也可能是多个。按博弈方选择策略的次序可分为静态博弈和动态博弈，按对其他博弈方信息的了解程度可将博弈分为完全信息博弈和不完全信息博弈等基本类型。

(1)生态保护的智猪博弈模型。由于生态资源存在外部性，面对稀缺有限的资源，各主体对各自利益的追求便引致不同主体的经济行为与利益关系的博弈。生态补偿的相关利益人通常会涉及政府、生态保护的实施者与生态保护的受益者，博弈的实质是在生态保护实施者与受益者之间重新分配生态保护产生的社会净收益，各方都追求自己的最优目标或实现利益的最大化。下面以主体功能区为例来进行分析，为便于分析假设在生态补偿的博弈模型中有 2 个参与者，一是优化开发区或重点开发区政府或其他生态保护的受益者(以下简称A)，这一区域经济发达，在此生活的居民基本生活需求得到满足后，开始追求更好的生活环境，如对清洁的空气、水质以及自然景观的追求等，很多人想往生态环境更加美好，因而有较高的支付意愿。A有2种可以选择的策略：保护或不保护。另一参与者是限制开发区内从事生态保护的人(以下简称B)，这些地区经济落后，往往依赖于林木及林副产品等自然资源来生存，迫于生存的压力可能加剧对林木资源的采伐利用从而破坏生态环境。限制开发区与优化开发区居民收入不同，对于因生态保护而得到的效用也有所不同，良好的生态环境对于收入较高的人会带来更高的效用值。B也有2种可以选择的策略：保护与不保护，这是一种生态环境保护的智猪博弈。

假设进行生态环境保护的成本为4个单位，博弈双方的策略集为：

若A、B双方都不进行相应的生态保护，生态环境会持续恶化，两者从生态环境中所得到的效用值均为0。

若A出资保护环境，则A可以得到7个单位的效用值，B可得到4个单位的效用值，但因为A要支付4个单位的保护成本，故其实际效用值为3个单位。

若B出资保护环境，则A可以得到10个单位的效用值，B可以得到3个单位的效用值，但因为B要支付4个单位的保护成本，故其实际效用值为-1个单位。

若A和B同时出资保护环境，则A可以得到8个单位的效用值，B可以得到3个单位的效用值，双方扣除共同分摊的生态保护成本后，效用值分别为6个单位和1个单位。双方博弈的结果如图2-5所示：

		B 保护	B 不保护
A	保护	6，1	3，4
A	不保护	10，-1	0，0

图 2-5 生态环境保护的智猪博弈

从上述博弈模型中可以看出，不论经济发达的优化开发区 A 保护与否，限制开发区 B 的上策均为不保护，因为此时的效用值大，理性的人不会选择保护。同样假定限制开发区 B 选择不保护的情况下，优化开发区 A 的上策为保护，因为此时的效用值为 3 大于不保护的效用值 0。用划线法可以确定，在此次博弈中，纳什均衡是(保护，不保护)，也就是说经济发达的优化开发区等花钱来保护生态环境，而经济欠发达的限制开发区等坐享其成。从公平的角度来看，保护生态环境的责任应该由双方共同来承担，但是优化开发区和限制开发区从生态保护中所得到的效用值有很大差异，因而导致出现这种结果，要么由优化开发区等承担生态保护的责任；要么由限制开发区等承担生态保护的责任，但优化开发区等经济发达地区提供相应的补偿。上面的例子是一次静态博弈的结果，如果博弈双方博弈次数有限的话，双方都会追求各自利益的最大化，博弈双方几乎不可能合作，个人理性与集体理性行为是矛盾的，但如果博弈双方之间的博弈次数是无限的，则双方可能更加关心未来的效用，可能通过谈判达成协议，使个人理性与集体理性趋于一致。

(2)跨区域的静态博弈模型。限制开发区等区域通过生态保护，可以向其他区域提供安全的公共产品，使全社会受益。现在从优化开发区 A 和限制开发区 B 之间跨区域生态补偿视角，分析双方的静态博弈模型。设 B 提供的公共品为 s_1，A 提供的公共品为 s_2，公共品的总供给为 $S=s_1+s_2$，B 的效用函数为 $u_1(x_1, S)$，A 的效用函数为 $u_2(x_2, S)$，x 表示私人物品消耗量。

我们假定$\partial u_i/\partial x_i>0$，$\partial u_i/\partial S>0$（$i=1$，2），且私人产品与公共产品其边际替代率都是递减的。设P_x为私人产品价格，C_s为所提供公共产品的成本，R_i为A或B的预算收入。若对方选择已给定，则博弈方所选择的最优战略(x_i, s_i)其最大化效用函数可以表示为：

$Max: u_i(x_i, S)$

$S.t: P_x x_i + P_s s_i = R_i \qquad i=1, 2$

利用拉格朗日法求解，则：$L_i = u_i(x_i, S) + \lambda(R_i - P_x x_i - P_s s_i)$ $i=1, 2$，其中λ是拉格朗日乘数。

最优化的一阶条件是：$\partial u_i/\partial S - \lambda p_s = 0$；$\partial u_i/\partial x_i - \lambda p_x = 0$

上面两个一阶条件定义了两个反应函数：$s_1^* = f_1(R_1, s_2^*)$；$s_2^* = f_2(R_2, s_1^*)$。

从上面的反应函数可以看出，每个区域的当地政府其最优策略都是另一政府行动的函数，两个反应函数的交点即纳什均衡$s^* = (s_1^*, s_2^*)$。在完全信息的前提下，其均衡条件决定了公共产品纳什均衡的供给量，用公式表示为：$S^* = s_1^* + s_2^*$。

现假定将地方政府效用函数用柯布-道格拉斯函数的形式来表示，即$u_i = x_i^{\alpha} s^{\beta}$，其中$0<\alpha<1$，$0<\beta<1$，$\alpha+\beta\leqslant 1$。

在此假定下，可以得出最优的均衡条件为：

$\beta x_i^{\alpha} S^{\beta-1} / \alpha x_i^{\alpha-1} S^{\beta} = P_s/P_x \qquad i=1, 2$

将预算收入的约束条件$R_x x_i - P_s s_i = R_i (i=1, 2)$代入并整理，

可以得出B的反应函数为：$s_1 = f_1(R_1, s_2) = \frac{\beta}{\alpha+\beta}\frac{R_1}{P_s} - \frac{\alpha}{\alpha+\beta} s_2$；

A的反应函数为：$s_2 = f_2(R_2, s_1) = \frac{\beta}{\alpha+\beta}\frac{R_2}{P_s} - \frac{\alpha}{\alpha+\beta} s_1$

地方政府B的反应函数所表达的含义是如果地方政府A对于生态保护的投入每增加一个单位，则地方政府B将会在生态保护的投入上减少$\frac{\alpha}{\alpha+\beta}$个单位。地方政府A的反应函数含义也是如此。在完全信息的前提下，A、B两地区政府其反应函数的交点处为纳什均衡

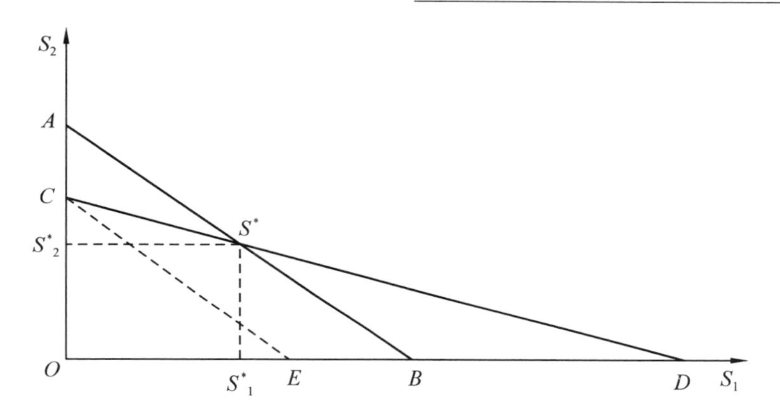

图 2-6 *A* 区域与 *B* 区域生态保护的反应曲线

点，具体见图 2-6 *A* 区域与 *B* 区域生态保护的反应曲线。

如果 *A*、*B* 两区域的经济发展水平相当，即预算收入水平 R_1 和 R_2 相差无几时，两个区域应当共同承担起保护环境的责任，此时双方提供的公共品数量差异不大。如果 $R_1 = R_2 = R$，*B* 政府的反应函数在图 2-6 中表现为直线 *AB*，其中 *A* 点坐标为 $\left(0,\ \frac{\beta}{\alpha}\frac{R_1}{P_s}\right)$，*B* 点坐标为 $\left(\frac{\beta}{\alpha+\beta}\frac{R_1}{P_s},\ 0\right)$；*A* 政府的反应函数在图 2-6 中表现为直线 *CD*，其中 *C* 点坐标为 $\left(0,\ \frac{\beta}{\alpha+\beta}\frac{R_2}{P_s}\right)$，*D* 点坐标为 $\left(\frac{\beta}{\alpha}\frac{R_2}{P_s},\ 0\right)$。*A*、*B* 两区域地方政府反应函数的交点 $s^* = (s_1^*,\ s_2^*) = (\frac{\beta}{2\alpha+\beta}\frac{R}{P_s},\ \frac{\beta}{2\alpha+\beta}\frac{R}{P_s})$，即为纳什均衡，也就是说 *A* 和 *B* 提供了相同数量的公共产品。

然而我国的限制开发区和和优化开发区的收入水平相差很大，限制开发区主要位于大小兴安岭、西藏等经济水平比较落后的自然保护区，而优化开发区多为环渤海地区、长三角及珠三角等经济发达地区。当优化开发区和限制开发区两者的收入不均衡时，纳什均衡的结果也不尽相同。按前面的假设前提，限制开发区和优化开发区其收入分别为 R_1、R_2，则 $R_1 < R_2$；另外根据 α 和 β 的相互关系

（$\alpha+\beta\leqslant 1$、$0<\alpha<1$、$0<\beta<1$），可知$\frac{\beta}{\alpha+\beta}<\frac{\beta}{\alpha}$，因此当$R_1<R_2$时，限制开发区$B$的反应函数$f_1(R_1, s_2)$与$s_2$、$s_1$的交点$\frac{\beta}{\alpha}\frac{R_1}{P_s}$和$\frac{\beta}{\alpha+\beta}\frac{R_1}{P_s}$都会向原点靠拢，纳什均衡时$s_1^*<s_2^*$，它所表达的含义是生态公共产品主要由优化开发区来提供，限制开发区所提供的生态公共产品数量很少。尤其是当$R_1\leqslant\frac{\alpha}{\alpha+\beta}R_2$时（限制开发区政府与优化开发区政府收入差距很大时），地区政府B的反应曲线在图2-6中会向左下方平移为CE，此时纳什均衡的结果为：

$$s^*=(s_1^*,\ s_2^*)=\left(0,\ \frac{\beta}{\alpha+\beta}\frac{R_2}{P_s}\right)$$

也就是说此博弈的纳什均衡解为经济较发达的优化开发区负责承担提供所有生态公共产品的责任，而限制开发区则坐享其成，这可以说是智猪博弈模型在限制开发区域和优化开发区域生态补偿中的具体应用。张维迎（1996）在《博弈论与信息经济学》一书中曾指出：公共物品的纳什均衡供给量与帕累托最优供给量之间的差距将随着受公共物品影响人数的增加而扩大，随着对公共产品偏好的增强而缩小，同时随着收入分配差距的扩大而缩小[96]。

然而我国目前的实际情况是生态环境保护的重任主要由经济落后的生态功能区来承担，而优化开发区和重点开发区几乎未付出任何代价却可以享受生态环境所带来的益处，而生态功能区却未能得到充分补偿。这种不平衡导致了限制开发区域等地区缺乏生态环境保护的积极性，而优化开发区等经济发达地区却把生态环境资源当作公共财产而免费“搭便车”。要根本解决我国的生态环境保护问题，应建立一种生态补偿机制，由优化开发区等这些经济发达地区的生态效益受益地区提供生态补偿，而限制开发区等经济落后的生态效益提供地区接受生态补偿，这样才能矫正负外部性，有可能导致帕累托改进的纳什均衡出现。当优化开发区的得益大于限制开发区从事生态环境保护所付出的成本，帕累托改进的纳什均衡才有可能出现。此时优化开发区等通过向限制开发区提供一定额度的转移支付，就可以增加双方的效用，这样就实现了帕累托改进的纳什均衡，即限制开发区积极保护与改善生态环境，优化开发区积极向限制开发区提供转移支付资金以偿付限制开发区所付出的成本，从而实现帕累托改进的纳什均衡[97]。

2.2.2 与生态补偿标准相关的理论

目前理论界有建议采用成本或价值补偿的，有建议采用生态效益补偿的等等。应该采用何种方法作为确定生态补偿标准的依据，首先要搞清楚价值及效用价值等相关的理论，最重要的理论之一就是环境资源价值理论。

长期以来，由于人们对环境价值认识不足，造成了环境资源的过度使用或浪费，以至于造成了严重的环境问题。因此重视对环境资源价值理论的研究是很有必要的，它可以为环境资源的有偿使用提供理论依据，为环境资源合理定价提供理论基础。在环境资源价值理论中比较有代表性的理论主要有劳动价值论和效用价值论。

2.2.2.1 劳动价值论

劳动价值论是关于商品价值由无差别的一般人类劳动所创造的理论，是指物化在商品中的社会必要商品价值的理论。该理论认为价值与使用价值共处于同一商品中，使用价值是价值的物质承担者。马克思的劳动价值论认为：价值是凝结在商品中无差别的人类劳动，商品价值取决于再生产所需要的社会必要劳动时间。价值是商品的社会属性，商品之所以能交换，就是因为它有价值；商品价值量的大小取决于生产商品的社会必要劳动时间，商品的交换价值即商品的价格。该理论认为使用价值和交换价值之间存在着对立统一的关系，首创了劳动二重性理论，商品价值由不变资本 C、可变资本 V 和剩余价值 M 三部分构成。利润是商品价值超过成本价格的余额，是剩余价值的转化形式。

运用劳动价值论来考察环境资源的价值，关键要看环境资源是否凝结了人类的劳动。人类为了保持自然资源消耗与经济发展之间的均衡，总要投入大量的人力和物力，该投入会在环境资源中凝结，因而环境资源具有价值。环境资源所凝结的人类劳动主要包括环境资源勘测与开采所投入的人类劳动，环境资源与生态环境保护及建设等所耗费的人类劳动等。正如一般商品价值构成一样，环境资源的价值也是由 $C+V+M$ 构成的，C 为在环境资源建设与保护过程中所耗费的生产资料价值，V 为劳动者在必要劳动时间所创造的价值，M 为劳动者在剩余劳动时间所创造的价值。有些学者认为生态补偿标准的确定应以劳动价值为依据，就是源于劳动价值论。

2.2.2.2 效用价值论

效用价值论是从人们对某一物品的满足程度或主观心理角度对某一物品确定价值的经济理论。杰文斯等认为：效用是价值的源泉，物质的价值取决于它的效用大小，凡是有效用的物质都具有价值。因为人们的某种欲望得到了满足，那么他就获得了某种效用。西方效用价值论把该物质的边际效用定义为价值，即价值是由物质的有用性和有限性所决定的，物品稀缺是决定价值的充分条件，而效用是形成价值的必要条件。由于生态环境同时满足这两个条件，因而也就具有价值。生态资源只能随着经济的发展变得越来越少，由于存在稀缺性使得生态资源的价值日益显现，这也是生态资源进行市场交易的基本前提条件。

生态资源的稀缺是相对的，这种相对稀缺性不仅与人类无尽的索取或欲望相关，同时也和人类对生态资源的开发利用形式联系密切。在不同的时间和空间范围内，这种相对稀缺所体现出来的程度会有所不同，“稀缺是绝对的”这是毋庸置疑的。生态系统不能无限度地承受人类的经济活动和对其进行开发利用，其承受能力的大小取决于人类排放污染物的数量以及开发利用生态资源的数量。随着经济高速发展以及人口的快速增长，对自然开发利用的程度越来越高，导致生态系统严重退化，生态资源的稀缺性更加明显。随着人们生活水平的不断改善，对高质量生态环境的需求也越来越高，这种矛盾的激化从另一个侧面显现了生态资源的价值。有些学者认为生态补偿标准的确定应以生态服务功能为依据，就是源于效用价值论。

2.2.3 与生态补偿模式相关的理论

生态补偿模式包括政府公共支付及市场化补偿模式等，前面所述的公共产品理论有助于解释为何采取政府公共支付的模式，而在政府公共支付模式中，主要包括纵向转移支付和横向转移支付，而为何要采用横向转移支付以及如何运用横向转移支付进行补偿的理论依据主要是区域经济发展理论。

区域经济发展理论涉及的内容比较广泛，与主体功能区和生态功能区关系比较密切的理论主要有以下两个理论。

2.2.3.1 非均衡发展理论

区域经济发展理论将区域经济的发展分为均衡发展理论和非均衡发展理论两种。

均衡发展理论认为各部门或各产业间的发展应当是平衡的、同步的，强调各区域之间或区域内部应当同步发展，做到区域内的生产力布局均衡，在空间上的投资均衡，各产业做到均衡发展，尽量缩小差距，最终实现区域经济的均衡发展(高志刚，2002)[98]。

然而非均衡发展理论却认为在发展中国家二元经济条件下，区域经济的发展进程一定是非均衡的。但随着发展水平的逐步提高，二元经济必然会向区域经济一体化过渡。从我国目前的情况来看地区间发展是不均衡的，政府应优先选择发展条件较好的地区，这样的地区投资效率高且经济增长速度快，可以充分发挥地区优势并产生示范效应，带动其他较落后地区的发展。然而一旦经济发展到某种水平时，政府就应采取一些特殊政策使落后地区经济得以较快发展，来减小地区间的经济差异。目前我国区域经济发展采取了非均衡的协调发展模式，在东西部地区经济普遍存在非均衡发展的同时，国家一直在想办法适度调控这种不均衡，力争最终达到全国范围内的区域整体经济的高速、均衡和可持续发展。国家可根据东西部地区的自然资源条件、市场发育程度、技术水平以及人才集聚程度等因素，确定一些应重点优先开区的区域，并在政策上给予适度倾斜，而对于一些资源比较丰富，生态地位重要的地区，将其主要发展目标不定位于发展经济，这样可以发挥不同区域各自的优势，实现地域之间互补的利益格局。

2.2.3.2 区域分工理论

不同区域之间要素禀赋存在很大差异，对不同要素的供给能力也千差万别，因而导致了区域分工的产生。各区域的区位条件、资源禀赋及发展水平不同，呈现出地域空间上的差异性。区域差异显现区域优势并导致区域分工，形成各具特色的专门化部门，促成区域间要素流动以及区域间的合作与竞争。区域之间的分工合作、优势互补，推动了区域经济非均衡协调发展。

我国主体功能区划政策的出台，正是区域分工论的体现。从要素禀赋理论看，优化开发区其自然资源相对匮乏，而资金、技术、人力资本等要素的禀赋丰厚，可以重点发挥其技术、人力资本等方面的优势，大力发展经济，集聚社会物质财富；重点开发区资源、环境等要素的禀赋丰厚，可加大人力资本的投入，提高自然资源综合开发利用效益。对于限制开发区和禁止开发区因其自然资源丰富，没有技术、人才优势，适宜以创造自然生态财富为主。由于大小兴安岭生态功能区，按国家规划的要求划定为限制开发区，其主体功能确定为生态保护，说明国家要根据资源禀赋体现区域间非均衡发展及区域分工的意图，但林区产业发展受限所导致的经济损失，理应得到补偿。

2.3 相关理论在本书中的应用

(1)外部性理论和公共产品理论在本书中起到了基础性作用，可以说是贯穿本书的主线。这两个理论诠释了生态功能区进行生态补偿的根本动因，即解释了“为何补”，同时有助于第四章进一步确定生态补偿的主体与客体，同时也涉及补偿依据及补偿途径的选择问题，为第六章通过横向转移支付进行区域间经济利益关系的协调亦提供了理论依据，具体体现在：

①由于森林生态系统存在正外部性，需要对生态效益提供者增加的成本和额外收益部分进行补偿以内化外部收益，因此在生态功能区建设中必须对生态保护过程中所发生的相应成本等进行补偿。

②由于森林生态系统所提供的生态服务属于公共品具有非排他性特征，而其受益主体众多且受益者不愿意主动支付补偿，都想免费享有森林生态系统所提供的生态服务功能。若没有政府出面来协调生态服务提供者与受益者之间的利益分配关系，最终将导致“公地悲剧”。因此，可由政府作为生态功能区建设的补偿主体，由政府通过行政和经济手段加以调控。通过以上理论的分析，可以明确为什么要对生态功能区建设进行生态补偿，为什么主要由政府作为补偿主体。

③外部性理论当中的科斯定理有助于解释在产权明晰，受益者明确的情况下可采取市场交易的补偿模式；庇古税有助于解释为何要通过征收税、费的形式筹集生态补偿资金。

（2）可持续发展理论及博弈论在本书中起到指导性作用，这两个理论亦阐明了生态补偿机制建立的动因，有助于进一步解释“为何补”这一问题，具体表现为：

①可持续发展理论包括三个方面的内涵，即共同发展、协调发展以及公平发展。大小兴安岭生态功能区其主体功能定位于生态保护，其经济发展功能必然受到严重影响，若不对其进行生态补偿，则无法满足共同发展及公平发展等要求。

②通过博弈分析可知，优化开发区等只有向限制开发区等提供生态补偿，才会达到帕累托改进的纳什均衡。

（3）区域经济发展理论在本书中起到指导性作用，有助于解释“如何补”这一问题。由于我国各地区自然资源禀赋不同等原因，采用的是非均衡发展战略，而且由于区域分工的存在，按照主体功能区划的要求将大小兴安岭生态功能区主体功能定位于生态保护，这就使得各省份之间的经济发展水平、财力水平等有较大差距，公共服务均等化水平也参差不齐。财政是政府宏观调控的重要经济手段之一，国家财政的职能决定了建立和完善生态补偿机制离不开财政的支持。需要通过国家财政的资源配置职能及收入再分配职能来调节，以保证社会公平目标。区域非均衡增长理论的财政政策含义也比较明显，在经济发展的初级阶段，财政政策应主要选择部分地区优先发展，当经济发展到一定规模以后，再调整财政政策使其有利于缩小区域发展差距。本书第六章在该理论的指导下，研究运用财政手段对因生态功能区建设的利益调节问题，通过构建横向转移支付制度以缩小地区间的基本公共服务能力差距。

（4）环境资源价值理论中关于劳动价值论和效用价值论的内容，在本书中起到指导性作用，有助于解释“补多少”即补偿标准确定这一问题。

补偿标准的确定是生态补偿机制建立的关键。很多学者在补偿标准确定依据上有较大分歧，究竟应按成本、价值补偿，还是按生态效益来补偿？这个问题并未达成一致意见。在阐述劳动价值论和效用价值论的基础上，本书在第四章结合学术界关于生态补偿标准确定依据的探讨，找出现阶段适合生态功能区建设所需要的补偿标准确定依据，进而为第五章确定大小兴安岭生态功能区的差异化补偿标准奠定了理论基础。

综上，通过以上理论分析，基本找到了生态补偿机制建立的几个关键问题的理论依据，即“为何补”“如何补”以及“补多少”的问题，将这些理论相互结合，构成了大小兴安岭生态功能区建设生态补偿机制建立的理论基础。

2.4　本章小结

本章首先阐述了与生态补偿机制确立相关概念的涵义，对这些相关概念的清晰界定可以避免出现歧义，是本书进一步研究的基础。其次重点阐述了与生态补偿机制建立相关的理论，如环境资源价值理论、外部性理论、公共产品理论、可持续发展理论、区域经济发展理论及博弈论等，这些基础理论有助于解释大小兴安岭生态功能区建设过程中生态补偿机制建立的一些关键问题，诸如生态补偿的动因、补偿标准确定的依据以及补偿途径的选择等，其中外部性理论和公共产品理论在理论体系中起到基础作用，其他理论主要起到指导作用。本章的内容构成本书研究的理论支撑体系，通过对这些理论的深入分析，为本书的后续研究奠定的理论基础。

3

国内外生态补偿实践经验借鉴与启示

我国长期以来忽视生态环境的建设，出现了严重的环境问题之后才引起社会广泛关注，政府陆续出台了一些政策进行生态补偿，但生态补偿实践开展的时间尚短，虽然退耕还林和天然林保护生态建设工程等生态补偿实践取得了一定的成效，但在实施过程中也出现了许多未能解决的问题。而西方发达国家早已开展了广泛、深入的生态补偿实践，在补偿标准制定、补偿途径、补偿管理及操作层面都积累了丰富经验，且有严格的法律依据做保障。通过对国内生态补偿实践的分析，以及对国外生态补偿实践的经验总结，有助于大小兴安岭生态功能区生态补偿机制的建立与完善。

3.1 国内生态补偿的实践及经验借鉴

国内目前已有的生态补偿实践包括退耕还林、天然林保护工程、森林生态效益补偿基金及征收生态税费等以政府为主导的补偿模式，此外还有生态标记、配额交易等市场化的生态补偿模式。在多年的生态补偿实践中，积累了一定的经验，但也存在很多不足，对我国生态补偿的实践进行认真的分析，不断总结经验并找出差距，对于生态补偿机制的建立是很有必要的。

3.1.1　以政府为主导的生态补偿

下面以退耕还林、天然林保护工程、森林生态效益补偿基金及征收生态税费为例，来说明以政府为主导的生态补偿实践。

(1)退耕还林工程。

①实施范围。长期以来，以粮为纲的国家农业发展战略造成严重生态破坏，由于常年毁林开荒，像长江、黄河等江河上游地区的生态环境日益恶劣，水源涵养功能下降、水土流失严重，导致1998年长江发生了特大洪灾。为此，国家下决心要逐步推行"退耕还林"政策。1999年下半年四川、陕西及甘肃三省份率先开展了退耕还林试点工作，2000年1月中央将退耕还林还草确定为西部大开发的重要内容。同年3月国家林业局等发布文件在长江上游、黄河上中游地区开展退耕还林还草的试点示范工作。

2000年初颁布的《中华人民共和国森林法实施条例》规定了"25°以上的坡地应当用于植树、种草。25°以上的坡耕地应当按照当地人民政府制定的规划逐步退耕，用于植树和种草。"2001年退耕还林工程正式列入国家"十五"规划，至2001年末退耕还林试点范围涉及长江上游和黄河上中游地区的12个省(自治区、直辖市)及新疆生产建设兵团，后来范围继续扩大至湖南、黑龙江等省。

②主要任务。2002年国务院颁布了《中华人民共和国退耕还林条例》，在试点基础上2002年全面启动了退耕还林工程，当年新增退耕还林任务近227万公顷，宜林荒山荒地造林任务266万公顷。《中华人民共和国退耕还林条例》规定，对地方政府和参与退耕的农户分别提供补偿，一般补偿期限为5～8年。随着退耕还林补助期限的到期，针对部分退耕农户生活将出现困难的情况，2007年8月，国务院发布了《关于完善退耕还林政策的通知》，指出：现行退耕还林所给予的粮食和生活费补助期限届满以后，中央财政继续给予退耕农户相应的补助，还生态林、还经济林及还草补助期限依次为8年、5年和2年。截至2011年我国退耕还林工程实施以来退耕还林、荒山荒地造林面积达2766.67万公顷，国家投入资金逾3000亿元。

③补偿标准。按2002年国务院颁布的《中华人民共和国退耕还林条例》，在长江上游地区，对参与退耕还林的农民退耕还林土地面积给予补偿，补偿标准为每亩退耕还林土地补偿粮食150千克或210元，并补助种苗费50元和管护费20元。在黄河上游地区，种苗费和管护费标准不变，但其他的补偿标准要少一些，每亩补偿粮食100千克或补偿140元。按2007年国务院发布的《关于完善退耕还林政策的通知》，补助标准与2002年的政策相比有较大变化，除管护费仍然为每亩补助20元外，取消了粮食这种实物补偿方式和种苗费，补偿标准相当于2002年所确定补偿标准的一半。

(2)天然林资源保护工程。该工程简称“天保工程”，主要解决我国天然林利用过度的问题，使其能够得以休养生息，实现可持续发展。天保工程从1998年开始试点，至今已有10多年的时间，国家提供财政资金用于对天然林的管护、更新造林以及政社性支出补助。2000年10月，国务院正式批准了长江上游、黄河上中游地区以及东北、内蒙古等重点国有林区的天保工程实施方案，整个工程的规划期到2010年，这段期间简称为“天保一期”。天保一期生态建设工程期满后，为巩固天然林保护的成果，国家继续执行天保工程，期限为2011~2020年，期限也是10年，以下简称“天保二期”。

①实施范围。天保一期的实施范围主要在长江上游地区、黄河上中游地区以及东北、内蒙古等重点国有林区，共计17个省(自治区、直辖市)，734个县，167个森工局(场)。这17个省(自治区、直辖市)天然林面积共计7300万公顷，占全国天然林面积的69%。

天保二期在一期原有范围的基础上，增加了丹江口库区的11个县(区、市)，其中湖北7个、河南4个。

②主要任务。天保一期的主要任务包括四个方面，可以概括为“减产、管护、造林和分流”四项任务。一是在长江上游和黄河中上游地区全面停止对天然林的商品性采伐，将东北、内蒙古等重点国有林区的木材产量调减751万立方米。二是对天保一期工程区内约14亿亩的森林资源加强管护。三是在长江上游、黄河上中游工程区

内营造新的公益林近2亿亩。四是对由于木材减产、停伐所形成的富余职工进行分流安置。天保工程主要目的是保护天然林，但基本是对“人”做出的补偿。天保工程在1998年开始的两年试点时间内，国家投入了近102亿元，2000～2010年10年间，国家投入约1016亿元，除大兴安岭林业集团公司为国家全额补助外，其他省（自治区、直辖市）均需要地方予以配套，地方配套资金比例占20%。天保一期工程实施以来取得了良好效果，天然林资源得以休养生息，实现了恢复发展。

天保二期计划投入资金2440亿元，天保二期的主要任务包括四方面，一是在长江上游、黄河上中游地区继续执行停止天然林的商品性采伐，东北、内蒙古等重点国有林区继续调减木材产量；二是管护森林面积17.32亿亩；三是建设公益林面积1.16亿亩，中幼林抚育及培育森林后备资源约3.12亿亩；四是继续给予政社性支出及国有职工社会保险等方面的补助。

③补偿标准。天保一期工程的补偿资金主要用于森林管护、生态公益林建设、政社性补助支出以及下岗人员一次性安置等，其中与森林资源有关的补偿标准如下：森林资源管护的补偿标准为每人年补助1万元，要求每人管护森林面积5700亩；生态公益林建设中飞播造林补偿标准为50元/亩（其中中央预算内40元/亩）；封山育林补偿标准为70元/亩（其中中央投入56元/亩）；人工造林补偿标准不同地域有所不同，长江流域补偿200元/亩、黄河流域补偿300元/亩。

天保二期工程与森林资源有关的补偿标准如下：森林资源管护费对于国有林和集体所有的地方公益林补偿标准有所不同，中央财政确定的年补偿标准分别为5元/亩和3元/亩。生态公益林建设中飞播造林中央预算内补偿标准提高到120元/亩；封山育林中央预算内补偿标准为70元/亩；人工造林补偿标准不再分地区，统一为300元/亩。此外增加了对森林培育经营的补助，其中中央财政对国有中幼林抚育的补偿标准为120元/亩。

(3)森林生态效益补偿基金。森林具有显著的生态功能和生态效益，这毋庸置疑，但受经济利益的驱使森林被大量采伐，使生态环境受到严重破坏。在国家对一些国有林场采取禁伐或限伐措施后，林区的生产重点转向森林管护，林区经济水平大幅回落，职工生活也受到冲击。为了林区的可持续发展，激励广大林农保护森林、保护生态环境，使森林更好地发挥环境效益，国家相继出台了一些森林生态补偿的相关政策。1998 年颁发的《森林法(修正案)》规定由国家建立森林生态效益补偿基金，该基金主要用于防护林和特种用途林的抚育、营造及保护等。2000 年初发布的《森林法实施条例》中规定，防护林和特种用途林的经营者有权获得森林生态效益补偿基金。

①实施范围。20 世纪 70 年代，四川省成都市青城山风景区开创了森林生态补偿的先河，青城山森林资源丰富，但由于护林员发不出工资，对森林疏于管理导致乱砍滥伐问题十分严重，因此成都市政府决定将青城山门票收入的 30% 用于护林。2001 年末《森林生态效益补助资金管理办法(暂行)》出台后，中央开始对重点生态公益林进行补偿试点，试点范围包括河北、辽宁等 11 个省、区的 685 个县及 24 个国家级自然保护区，投入 10 亿元对 2 万亩重点防护林和特种用途林进行补助。随着 2004 年中央森林生态效益补偿基金正式建立，补偿基金数额由 10 亿元增加到 20 亿元，纳入补偿范围的地区也由 11 个省(自治区、直辖市)扩大到全国(李文华等，2006)[88]。

试点结束后，财政部会同国家林业局于 2004 年联合出台了《中央森林生态效益补偿基金管理办法》，将补助基金的提法改为补偿基金。该办法于 2007 年 3 月进行了修订，明确了生态补偿基金的使用范围、补偿标准、资金管理及监督检查等制度，并取消了地方政府资金配套的硬性规定。森林生态效益补偿基金确定的补偿范围为重点公益林中的有林地以及荒漠化和水土流失比较严重的疏林地、灌木林地及灌丛地。

②主要任务。森林生态效益补偿基金纳入中央财政预算的专项支出，主要用于国家重点公益林的营造、抚育、保护及管理。与天

保工程主要用于保护天然林不同的是，森林生态效益补偿基金主要用于保护具有生态效益的林地。截止2011年纳入补偿范围的国家级公益林面积为12.6亿亩，中央财政支付的森林生态效益补偿基金约393亿元，平均每年近36亿元。

③补偿标准。2010年以前的年补偿标准为5元/亩，其中4.5元/亩作为补偿性支出，主要用于支付管护人员的劳务费或林农的补偿费以及林木抚育费等；0.5元/亩用于森林防火等公共管护性支出。从2010年起，对于权属为集体的国家级公益林补偿标准为每年每亩10元。

虽然以上三种形式都是以政府公共支付为主导的生态补偿实践，但从严格意义上来说，还是有较大差别的。退耕还林工程是以项目的形式由中央财政专项转移支付所需资金，从其运作模式和补偿标准来看，补偿资金主要用于弥补退耕农户的损失，尽管可能是不充分补偿，但从其性质上看属于生态补偿的内容。而森林生态效益补偿基金用于国家重点公益林的营造抚育及管理等，也是用于弥补森林管护等方面的支出，因此也属于生态补偿。但天然林保护工程资金虽然也是以生态建设项目的形式支付的，然而其中与生态补偿有关的项目只有森林管护费、森林抚育补助及以中央建设投资形式支付的森林改造培育补助，而政社性支出及社会保险补助费等严格意义上并不属于生态补偿的内容。

(4)征收生态税费。

①生态补偿费的实践。矿业是我国国民经济的重要基础产业，然而矿产资源开发要占用和破坏大量的土地资源，产生环境污染，其所带来的负面影响不容小视。近年来国家相继出台的《矿产资源法》《土地管理法》和《水土保持法》等法律、法规都对矿山环境的治理提出了要求。我国征收生态补偿费的主要目的是防止对生态环境的破坏、加强生态环境的整治及恢复，生态补偿费的征收对象主要是可能对生态环境造成不良影响的生产经营者。

实施范围：1983年云南省以昆明磷矿为试点，对每吨矿石征收

0.3 元的生态补偿费，拉开了我国征收生态补偿费的序幕，此后，在广西、江苏等 14 个省(自治区、直辖市)开始试点。1993 年扩大了征收生态补偿费的试点范围，在内蒙古包头和晋陕蒙交界地区也开始实行生态环境补偿费政策。

生态补偿费的征收采取了固定收费和浮动收费两种办法，征收方式采取了按投资额、产量、销售额或破坏的占地面积收费，还有的采用综合性收费或者收取押金的制度。我国从 1994 年开始征收矿产资源补偿费，主要用于矿产勘查支出、矿产资源保护支出以及补偿费征收部门的经费补助。

②排污收费制度的实践。我国关于排污收费的相关法律法规比较多，包括环境保护法(试行)；大气、水、固体废弃物及环境噪声都分别规定了相应的污染防治法，另外 2003 年国家环保总局等发布的《排污费征收标准管理办法》都对排污收费制度做了比较明确的规定。排污收费制度历经 30 多年的发展，在全国范围内得以实施，对于促进企业采取措施减少污染、增强国家对环保监管的能力及提高人们的环保意识等方面发挥了积极作用。2010 年全国(除西藏外)共向近 49 万户排污单位征收排污费 188 亿元，同 2009 年相比增加了 24 亿元，增幅 14.5%。“十一五”期间全国共征收排污费 847 亿元。

排污费征收标准：按《排污费征收标准管理办法》对污水、废气、固体及危险废物以及噪声四类污染物征收排污费，其中对污水排污费按所排放污染物的种类、数量计征，征收标准为 0.7 元/污染当量；废气排污费按排污者排放污染物的种类、数量计征，征收标准为 0.6 元/污染当量。

③生态环境税的实践。我国并未专门设立生态环境税的税种，与生态环境相关的税收政策主要体现在以下两个方面，一是与生态环境建设相关的税收优惠政策，例如在企业所得税的税收优惠政策中有所体现；二是与自然资源相关的一些税收制度，包括土地使用税、土地增值税、耕地占用税和资源税。开征资源税类的税种可以达到促进合理利用资源，避免对资源无限度使用的目的。

3.1.2 以市场为主导的生态补偿

(1)直接市场交易方式。在生态补偿的模式当中，流域生态补偿实践较多采取直接市场交易方式。目前我国比较成功的直接市场交易模式主要体现在流域的上下游交易方面，例如在浙江、广东等地开创了“异地开发”的生态补偿模式。浙江省磐安县位于金华市的上游，是金华市重要的水源涵养区，由于担心磐安县只顾自身利益大力发展可能对金华市造成污染的工业，因此，金华市与磐安县通过协商达成共识，在金华市建立了扶贫经济开发区，当做是磐安县的生产用地，并在基础设施建设以及投融资很多方面给予大力支持，这样做的好处是一方面避免了对下游地区造成污染，另一方面对上游地区牺牲本区域经济利益的行为也给予了一定补偿。

(2)生态标志方式。生态标志方式虽然在我国起步较晚，但目前已有一定程度的应用。自 1994 年我国开始了对绿色产品的环境标志认证工作，对建筑装修材料、家电等领域约 60 大类产品进行认证。进入 21 世纪以来，我国政府也逐步重视开展森林认证活动，2001 年国家林业局成立了森林认证领导小组，标志着我国的森林认证工作正式启动，主要对森林经营和林产品加工进行认证。另外我国某些颇有发展眼光的企业在国外的认证工作也有了较大进展，在浙江和广东两省有大约 9 万亩的森林和 60 多家林产品加工企业已通过国外认证机构的认证，扩大了影响和知名度。

(3)配额交易。配额交易往往是由政府事先确定或按国际公约的约定，明确某区域生态保护的配额责任，然后通过市场交易的方式实现该区域生态保护的价值。目前比较有影响力的配额交易是按《京都议定书》中约定事项达成的，京都议定书事先确定了合约缔约国中发达国家 2008 ~2012 年的二氧化碳排放量标准。如果某个国家难以完成削减碳排放量的任务，则可以购买其他超额完成任务国家的剩余额度，不同的缔约国之间可以进行排放权交易。中国是碳排放的大国，虽然目前并没有给我国设定碳排放量标准，但迟早发展中国家也会有相应的减排任务，我国应尽早做好准备积极发展低碳经济。

目前我国已申报或拟申报的碳汇项目呈现快速增长态势。截至2008年末，国内共批准了93个项目，减排量约6亿吨二氧化碳当量，产生近35亿美元的经济效益。随着我国经济发展及对环境管理要求的提高，配额交易将会有更大的发展空间。

3.1.3　国内经验及对生态功能区建设生态补偿的启示

(1)经验。我国经过多年的生态补偿实践，主要积累了以下几方面经验：

第一，生态补偿的原则与目标基本确立。目前我国已基本确立了开发者保护、破坏者付费及受益者补偿的生态补偿原则，我国为保护生态环境，针对生态补偿的理论与实践，进行了很多有益的探索，取得了一定成绩。目前开展的生态补偿工作更加注重“防治结合，保护优先”，力争通过一些经济手段激励生态环境资源利用者在使用资源或开发资源过程中能够有意识地保护生态环境，尽量消除过去的那种先破坏后修复的生态资源利用方式。我国长期以来重视经济发展，国家财力不断提升，这为生态补偿奠定了良好的经济基础。通过补偿可以更好地进行生态环境建设，好的生态环境反过来又可以促进经济发展，这样就形成了经济发展与环境保护的良性互动。

第二，更加重视经济补偿手段的运用。以前我国政府主要依赖于采取行政手段来要求人们从事生态环境建设。而在20世纪90年代，随着“21世纪议程”的出台，我国明确提出了要采取经济手段和市场机制来促进林业的可持续发展。这说明我国政府能够按生态环境保护与林业发展的经济规律，注重协调环境发展与经济利益分配之间的关系，以促进经济与环境的协调发展。

第三，以政府为主导积极推动市场化的生态补偿模式。在我国的生态环境建设以及实施生态补偿过程中，政府一直居于主导地位，这是由生态环境与自然资源的公共产品属性决定的。政府补偿是目前我国开展生态补偿最重要的形式，政府直接通过财政手段对生态建设工程等投入了巨额资金，从目前我国人民受教育程度以及环保意识来看，中央政府还将在相当长的时间内继续担当主要的补偿主体。与此同时我国政府也在某些领域内积极尝试采取市场机制来进行生态补偿，包括培育资源市场、开放生产要素市场、积极探索排污权交易方式以及完善水资源合理配置和有偿使用制度等。

(2)对大小兴安岭生态功能区建设生态补偿的启示。

①国家应出台长效的生态补偿政策。国内出台的很多生态补偿相关政策都是短期的，如大小兴安岭生态功能区内重点国有林区实行的天然林保护生态建设工程等都规定了相应的补偿期限，然而这些生态补偿政策到期以后，如何维持生态环境保护的效果，如何能保证因生态环境保护而移民的人能维持长远生计都是非常关键的问题，这些问题解决不好，可能会导致新一轮的生态破坏。究其根源，主要是现行政策缺乏持续和有效性。短期的经济补偿只会暂时缓解农户的损失，而有限的资金根本不足以弥补受偿者所失去的发展机会，如果能制定出相应配套的措施，在不违背生态建设目标的大前提下，加快构建生态补偿的产业扶持政策，统筹区域协调发展，建立“造血型”的生态补偿长效机制是重中之重。

②应制定具有激励作用的差异化补偿标准。森林生态效益补偿基金的年补偿标准为75元/公顷，很多学者做过相关研究后，发现有些林地年租金都已经达到了300元/公顷，因此可以认为这个补偿标准太低，而且这个标准是从2004年开始制定的，到目前为止国有的国家级公益林仍然执行此标准，如果考虑通胀因素，这个补偿标准就显得更低了。另外这个补偿标准没有考虑不同地区立地条件、森林管护难度以及森林本身的自然属性，只根据权属来简单划定同一标准，很显然也无法适应生态补偿机制建立的要求。

③应出台专门为生态补偿而设计的全国性整体规划。虽然目前我国已有十多项与生态补偿相关的政策，但这些政策是分别由国家林业局、财政部、环保局及国家发改委等多个部门出台的，而且根本找不到哪一项是以生态补偿为目标而专门设计的政策，往往是为达到某一生态目标或从某一生态要素的角度来设计的政策。虽然这

些政策当中也会涉及一些生态恢复、环境保护的内容，但与实现生态补偿的目标而专门设计的政策还相去甚远。完善生态补偿政策要遵从系统论的观点加以综合制定，应以维护整个生态系统生态功能为目标，对现有生态补偿的相关政策加以整合。此外现有的生态补偿相关规划缺乏整体性和协调性，存在着补偿主体、补偿对象不明确等问题，某些生态建设项目甚至存在着重复立项的问题，导致资金使用效率低且浪费严重。

④应重视市场补偿手段的运用。现阶段我国生态补偿属于政府主导型，这是由生态补偿机制的自身特点和我国的特殊国情决定的，这种缺乏真正补偿主体的生态补偿注定是低效率的，因此某些领域的生态补偿要借助市场的手段。生态补偿市场化机制的难点在于要将公共利益和私人利益的激励因素有效结合。但由于我国环境产权交易制度尚未建立，在环境产权的初始分配方式、交易原则等很多方面尚处于探索阶段，虽然在流域水文服务和碳汇贸易等方面有过一些零星的生态效益市场交易案例，但与西方发达国家相比还不成熟。因此，我国应努力完善市场补偿机制，积极引导生态效益的提供者与受益者之间通过协商的办法达成生态补偿的目的。

⑤应吸纳生态补偿的利益相关者充分参与相关政策的制定。制定生态补偿政策是为了能够有效协调生态环境保护者、受益者以及其他利益相关者的经济利益关系。然而目前我国在制定有关生态补偿政策过程中，利益相关者未能广泛参与，具体表现为：一方面我国各地区自然资源禀赋及人文环境有所不同，未能结合地区差异来认定补偿对象；二是在补偿标准的制定上，未考虑生态环境差异，由中央政府直接制定出了具体标准，这只能体现中央的意愿，因为没有林区职工以及地方各级政府的参与，无法了解他们的意愿，使得利益协调机制缺失。生态补偿政策的制定过程未充分考虑利益受损者的需求及受益者的支付能力，未考虑不同利益相关者的协调，会导致生态补偿动力机制的缺乏。

⑥应建立生态补偿的多元主体筹资机制。目前生态补偿资金的

主要来源为中央财政资金，由于中央财力有限不可能负担全部生态补偿所需资金，常常需要地方政府予以配套相应资金，很多经济不发达地区地方政府财政收入有限，难以自足，对国家投入的依赖性大，而地方各级财政纵向筹资体系实际上并未建立起来，配套资金无法到位导致生态补偿效果受到很大限制。由于区域经济发展不平衡，区域间横向资金筹措机制在某种程度上也会影响生态建设的可持续性，因而改革现有生态补偿的财政政策，加大区域间横向转移支付力度，就成为一个重要的改革方向。

3.2 国外生态补偿的实践及经验借鉴

谈到国外生态补偿的实践，就要从生态系统服务付费(PES)开始。国外的 PES 主要有直接公共支付、限额交易计划、私人直接支付及生态产品认证计划四种基本模式，另外一些西方国家也通过征收生态环境税费的方式，来筹集生态补偿所需资金。

3.2.1 直接公共支付

直接公共支付是指由政府出资购买生态环境服务后再提供给社会成员，这是最常见的一种 PES 形式。

(1)墨西哥对森林服务功能的补偿。2002 年墨西哥政府创立了一项补偿基金，用于补偿利用自身土地提供森林生态系统服务的当地及其他社区。墨西哥森林中 80% 归当地及其他社区所有，国家森林委员会与土地所有者签订意向书，在 5 年内合同每年自动续签，款项每年支付。要求土地所有者不能对土地上的森林进行采伐并对其进行保护。如果未能实现预期土地管理和保护森林的目标，不要求受补偿者进行赔付，但要终止合同，并在以后期间不得重新申请新合同。若有地上种植物的，政府根据土地的机会成本予以补偿。水文利益大小由森林类型与预期出水量之间的关系来确定。云雾林每公顷将获得 400 墨西哥比索的补偿，温带林每公顷将获得 300 墨西哥比索的补偿。

（2）美国耕地的保护性储备计划。美国由于20世纪30年代遭受特大洪灾和严重沙尘暴而开始重视生态环境保护，保护性退耕计划的目的是对农民因该计划放弃耕地的机会成本进行补偿，这一计划一直沿用至今。凡是有意退耕的农民可以向政府申请，政府按登记的退耕土地面积按预先确定的土地租金率来支付租金，并负担部分建设耕地的成本。退耕项目由农户自愿参加，在实施过程中引入竞争机制，并按土地生产力的不同制定有差异的租金率水平，因而各州的补偿标准并不统一，且合同期满后农户可自主决定下一阶段是否仍参加此退耕项目。

（3）澳大利亚水分蒸腾信贷计划。澳大利亚部分流域由于森林的过度砍伐导致土地的盐碱化加重。为了解决这个问题，澳大利亚政府实施名为水分蒸发蒸腾的信贷政策。该政策按每蒸发100万升水支付17澳元的标准，或者连续十年按每年85澳元/公顷的标准对农场主进行补偿，并规定在流域上游地方政府可以通过植树或其他地表植物，获得相关的信贷资金来改善当地土质。

（4）德国易北河流域生态补偿案例。德国流域生态补偿实践开展较早，比较成功的是易北河流域生态补偿案例。20世纪80年代，易北河在未开展流域整治时水质下降严重。从1990年开始德国和捷克两国成立双边合作组织，达成共同整治易北河水质问题的协议，减少流域两岸排放污染物和改良农用水的灌溉质量。双方在德国易北河流域建立了7个国家公园和200个自然保护区，在捷克建立由德国资助建设的城市污水处理厂，经过多年的治理易北河上游的水质已基本达到饮用水标准，收到了比较明显的经济效益和社会效益。

3.2.2 限额交易计划

世界上两个最著名的碳限额交易计划，即欧洲排放交易计划（EUETS）与京都清洁发展机制，其中EUETS是迄今为止范围最广的排放权交易体系，其碳交易额占据了全球碳市场约60%的份额。比较有代表性的是哥斯达黎加开展的CTO交易案例，通过碳固定功能抵消温室效应是森林生态系统提供的非常重要的生态环境服务之一，森林的碳固定可以被商品化为可认证、可交易的温室气体抵消单位（CTO）。购买方如果购买了 CTO，则表明他们对改善环境有良好意愿或者受限于净排放量的法律约束等而要抵消温室气体排放量。哥斯达黎加开展的 CTO 交易，与《京都议定书》确认的减排量标准很相似，目前该地区主要在保护区项目和私人森林项目上开展 CTO 交易。

3.2.3 私人直接支付

私人直接支付方式是指生态环境服务提供者与受益者直接进行的交易，一般是一对一交易，往往适用于受益方及提供者较少且非常明确的情况，常见于小流域上下游之间、产权明确的森林生态系统之间进行的交易。

（1）法国 Perrier 矿泉水公司案例。法国 Perrier 公司是世界上规模最大的天然矿泉水生产企业，以其生产的天然含气矿泉水闻名世界。该公司的水源地上游地区农业比较发达，因上游环境污染比较严重，使其水质受到严重影响，Perrier 公司可以采取建立过滤厂或搬迁厂址寻找新水源的办法，也可以出资帮助水源地的农民采用先进环保的生产设备，激励他们采用有机农业的生产方式以降低污染、保护水源。通过比较后 Perrier 公司认为后一种办法会节约成本，因此公司通过购买水源区的农业用地，并将土地免费提供给那些愿意采用有机农业生产方式的农户耕种，此外还对将土地用于乳品业和种植业的农场给予相应补偿。该项目实施后成功减少了污染，水质得到极大提高。

（2）哥伦比亚的考卡河流域案例。考卡河流域是哥伦比亚最大的流域之一，由于农业与城市的快速发展导致严重缺水。根据当地法律规定，家庭用水处于首要地位，因而农业生产受到很大影响。对于该流域的管理，哥伦比亚设立了考卡河流域公司，该公司负责流域内不同用户间的水分配，并负责上游流域的坡地管理。由于该公司没有足够财力解决缺水问题，因此农民自发组成了 12 个水资源使用者协会来支持流域管理项目。根据不同的支付意愿，使用者自愿在原水费基础上提高一定费用作补偿，补偿费为每升 1.5～2 美元，另加 0.5 美元水获得许可费。补偿费被列入一项独立基金，该项目促使哥伦比亚水使用者联盟形成，并促进了全国类似协会的成立。

3.2.4 生态产品认证计划

（1）欧盟的生态标签制度。欧盟在 1992 年开始实行生态标签制度，凡是经过认证的产品表明其符合环保标准，可在产品上贴认证标签，这种产品常被称为“贴花产品”，也就是说拥有了标签，就说明该产品是安全的、可以放心使用的环保产品。希望通过建立这样一个生态标签制度，激励欧盟地区的企业生产绿色产品，提高其环保意识，使公众能够认可贴花产品并积极消费。贴花产品在欧盟地区有很高知名度，尽管贴花产品的价格要略高一些，但很多欧盟的消费者仍然愿意购买贴花产品，相当于是消费者愿意为生态环境服务“埋单”。

（2）林产品的生态标签体系。在林产品认证中，森林工作委员会（Forest Stewardship Council，以下简称 FSC）的林产品认证是最成功的典范。FSC 建立了一套进行森林管理的国际标准，并授权第三方组织根据这一标准对森林的管理者和林产品的生产者进行认证，FSC 标志为那些符合标准的公司提供了一种国际认可，提示消费者这些产品是值得信赖的。在过去十年中约有 60 个国家 5000 万公顷森林获得了认证，像英国、荷兰、比利时、瑞士等很多国家的公司都形成了固定的购买群体，通过 FSC 认证的林产品是他们的首选对象。

3.2.5 征收环境税费

国外很多国家为保护生态环境采取征税、费或给予相应税收优惠的办法。对生态环境征税的主要有欧盟、瑞典及法国等，这些国家为控制温室效应开征了碳税，根据碳源大小对相关产品征收碳税，如美国在国有林区征收放牧税。利用生态环境收费的主要有：德国对新开发的矿区要求其预留复垦专项资金，加拿大要求一些森林旅游部门从门票收入中提取补偿费及美国征收恢复治理保证金等。

3.2.6 国外经验及对生态功能区建设生态补偿的启示

国际上关于生态补偿的实践虽然各不相同，但是通过对以上国家生态补偿实践的典型案例分析，可以总结出这些国家生态补偿的一些成功经验，用于指导我国生态功能区建设生态补偿的理论与实践。

(1)通过法律法规进行约束和支持。要想真正实现生态补偿的目标，仅有几个生态补偿方面的零散政策是远远不够的，必须要有法律法规做保障。国外的生态补偿大多都有法律做保障，如美国的生态环保补偿机制是渗透在各行业单行法里的；瑞典的森林法明确规定对于自然保护区内林地所有者所发生的经济损失全部由国家给予补偿；日本的森林法规定凡是保安林的所有者均可以得到补偿。构建生态补偿法律机制，是生态补偿得以有效实施的重要保障，有利于环境利益相关者之间公平分配，促进环境福利得到共同提高。对于我国而言，建立生态补偿机制的重要任务之一就是构建生态补偿的国家政策体系框架。在制定相应法律法规时，要注重现有政策之间的冲突，注重修订一些影响生态补偿效率发挥的条款。制定相应的生态补偿法律，通过立法程序将生态补偿的原则具体落实到政策法律体系框架中，并使之具体化和有可操作性，使生态补偿有法可依，以保障生态环境保护的顺利实施。

(2)政府主导和市场机制互为有益的补充。国际上 PES 模式主要有公共支付和市场手段两种。从国际经验上看无论政府为主导还是市场为主导，这两种模式都发挥了重要作用，两者相辅相成共同推动生态补偿机制的运行。两种方式在各自的领域发挥着作用，政府机制不排除市场机制，而市场机制借助于政府机制的引导，可以弥补政府机制的缺陷。公共支付和市场手段两种不同的模式其适用性不同，各有利弊。公共支付适用于生态服务范围广、众益者人数众多的情况，这种政府主导的补偿方式本身存在低效率等弊端，而且交易成本高，可能会影响到补偿的实际效果。市场手段适用于受益者明确且数量较少，并且其生态服务功能容易计量的情况。相比政府主导模式来说，其补偿效率高且交易成本也较低。下面以不同尺度流域为例，借鉴其生态补偿方式的选择，详见表3-1不同尺度流域生态补偿方式对中国的借鉴[99]。

表3-1 不同尺度流域生态补偿方式对中国的借鉴

适用条件	公共支付	一对一交易	市场贸易	生态标记
小尺度流域，生态环境服务的受益者较少且比较明确，生态环境服务的提供者数量可控	–	适宜	–	–
大尺度流域，生态环境服务的受益者众多，生态环境服务的提供者众多	适宜	–	–	–
生态环境服务可被标准化为可分割、可交易的商品形式，建立起市场交易体系和规则	–	–	适宜	–
能为以生态环境友好的方式生产出来的产品提供可信的认证服务	–	–	–	适宜

资料来源：王金南等. 生态补偿机制与政策设计国际研讨会论文集. 北京：中国环境科学出版社，2006，171～190。

我们在确定生态补偿具体模式时，不能人为地将公共支付手段与市场机制割裂开来。从美国耕地的保护性储备计划的成功经验可知，采用公共支付手段进行补偿的同时，也应积极引入市场竞争机制。根据不同土地资源情况制定差异化的租金率水平增加了农民的认同度，这样的生态补偿效果较好，我国在建立生态补偿机制时也应借鉴这种做法。但在借鉴国外成功经验时，要考虑我国产权制度等差异情况有选择的借鉴，不能盲目照搬。

(3)重视生态标志制度的作用。生态标志制度虽算不上是真正意义的生态补偿，但由于购买贴花产品而多支付的金额相当于是对生态服务的一种间接补偿。国外在生态标志方面的成功案例比较多，如前述欧盟的生态标签体系就非常成功。目前我国公众对于生态标志产品的认可程度逐步提高，随着对生态标志产品消费市场的日趋成熟，也会达到生态补偿的目的。政府应有意识地将生态标志制度作为重要的手段加以运用，鼓励企业转变发展思路，调整产业结构，多生产被公众认可的环境友好型产品。同时政府也应对生态标志制度给予大力支持，积极倡导绿色消费体系，鼓励政府进行绿色采购。

(4)重视生态补偿项目的评估与监测。补偿数额与补偿的生态效果之间有一定的必然联系，如果不考虑所补偿对象发挥生态效益的高低，采用一个统一标准，补偿效果将难以如愿。因此应对生态环境进行常规的监测和评估以了解其生态环境改善的贡献，依据贡献大小给予不同程度的补偿。通过对生态补偿项目的评估与监测来建立动态调整机制，有助于制定科学合理的生态补偿标准。

(5)重视建立社会参与协商机制。国外在建立生态补偿机制上，比较注重相关利益者的意愿。国外经验表明那些受过高等教育的人，往往更注重生态环境与保护，也愿意支付一定金额的补偿金。这些经验对我国生态补偿实践有着重要的借鉴意义，但我国和国外发达国家的经济发展水平、民众受教育程度差距较大，因此不能简单照搬国外做法，尤其是在经济不发达地区广大农户的受教育程度相对较低，对生态补偿的认识不充分，这些障碍限制了我国生态补偿协商机制的推进。但随着农民受教育程度不断提高及关于生态环境保护的宣传力度加强，我国也将逐步引入生态补偿的社会参与协商机制。

3.3 本章小结

本章首先阐述了国内多年来进行的退耕还林、天保工程、森林生态效益补偿基金以及排污收费等生态补偿实践，可知我国生态补偿的原则与目标已基本确立，基本形成了以政府为主导的生态补偿模式。通过对国外生态补偿实践的分析，可以看出国外生态补偿大多有法律依据且执法严格、重视生态标志制度的作用及生态补偿项目的评估与监测，同时建立了社会参与协商机制，形成了较为完整的生态补偿框架体系。国内外生态补偿实践的经验，对于大小兴安岭生态功能区建设生态补偿机制的建立和完善有重要的启示作用。

4

大小兴安岭生态功能区建设生态补偿机制的基本框架

生态补偿机制是揭示生态补偿主、客体之间相互影响、相互作用的规律以及相互之间的协调关系，为达到顺利实施生态补偿的目的，通过某种运行方式和途径，将各个组成部分有机联结在一起的过程和方式。要想建立和完善生态补偿机制，首先要搞清楚生态补偿机制建立的原则。生态补偿机制的基本构成要素包括生态补偿的补偿主体、补偿客体、补偿标准、补偿模式与途径等，这些内容构成了生态补偿机制建立的基本框架结构，此外还要弄清楚生态补偿机制的运行规律。

4.1 生态补偿机制建立的原则

合理确定生态补偿机制的原则是生态补偿机制得以顺利构建和实施的前提，原则是具体生态补偿行为的约束框架，但还不是具体的实施方案，因此原则的确定宜粗不宜细。生态补偿机制的建立原则应体现生态补偿的基本要义，有助于体现公平与效率，有可操作性。生态补偿机制的建立应主要包括以下三个基本原则。

4.1.1 受益者补偿原则

2006 年 4 月 17 日召开的第六次全国环境保护大会，将“谁开发谁保护、谁破坏谁恢复、谁受益谁补偿、谁排污谁付费”作为完善我国生态补偿政策，建立生态补偿机制的重要原则[39]。本书所说的受益者补偿原则是一个广义的范畴，具体包括以下三个原则：

（1）破坏者付费原则（Destroyer Pay Principle，简称DPP）。破坏者付费原则主要针对行为主体对公益性的生态环境所产生的不良影响所导致生态系统服务功能退化的行为所进行的补偿，这一原则亦适用于大小兴安岭生态功能区对生态环境造成污染与破坏时的生态问题责任的认定。

（2）使用者付费原则（Users Pay Principle，简称UPP）。生态环境资源是一种公共资源，具有稀缺性，若不对使用者收费，则可能产生“公地的悲剧”。为加强对生态环境资源的保护，应按使用者付费的原则，由生态环境资源使用者向国家支付补偿金。使用者付费原则主要适用于资源和生态要素的管理。

（3）受益者付费原则（Beneficiary Pay Principle，简称BPP）。在按区域类型或流域类型补偿时，应按受益者付费的原则，受益者需要向生态服务功能的提供者支付相应的费用。对国家来说具有重要生态地位的大小兴安岭生态功能区，因其生态环境保护与建设的受益范围非常广泛，无法准确界定其受益者到底是谁，因此国家应当承担主要的生态保护与建设责任。

4.1.2　公平性原则

按照主体功能区划分类管理的区域政策，限制开发区和禁止开发区的主体功能是全国或区域性的重要生态功能区，主要承担着生态服务的功能。以大小兴安岭生态功能区为例，按其主体功能已被划定为限制开发区，限制开发区域并不是说要限制其发展，但与重点开发区域相比却失去了一定的发展权利，并造成区域利益上的损失。具体表现为：

（1）为维护其生态服务的主体功能，限制开发区域必然要对影响生态功能的产业开发进行限制和禁止，而这些产业往往在中国现时经济发展阶段是高利润产业，对增加地方财政收入和带动区域经济增长具有显著效果。针对限制开发区域的适度开发、点状发展、因地制宜发展资源环境可承载的特色产业的功能要求，导致其在产业开发上受到限制，丧失了参与高利润产业竞争的机会，并会因此加大与重点或优化开发区域在经济发展水平上的差距，可以说是“剥夺”了限制开发区域参与市场竞争的权利。

（2）限制开发区域为实现其主体功能，必然要加强生态修复和环境保护，引导超载人口迁出本区域，因此限制开发区域要承担相应的成本。大小兴安岭生态功能区以前的经济收入主要依赖于木材生产，森林采伐及相应的木材加工业几乎构成其区域经济的全部内容。但为维护森林生态系统的服务功能，有些地区采伐量受到极大限制，而大兴安岭地区现已全面停止主伐，禁止任何对森林资源的非保护性砍伐这一措施，致使原有的木材加工产业受到巨大冲击，导致经济收入急剧减少。由于原有主导产业的发展限制会产生大量的失业人口，为了维护社会稳定，也需要对这部分人员进行妥善安置，这都需要付出成本，在森林防火、林木管护等日常工作中也需要投入大量资金[100]。对于限制开发区域实现其主体功能的成本往往是巨大的，也是地方政府所无力承担的，若没有相应的生态补偿机制，则是对限制开发区域发展权力的“剥夺”。

为实现限制开发区域的主体功能——生态保护，必然要鼓励区域内人口向重点开发区域转移，力争实现各地区间人均收入水平差距的逐步缩小。然而对于知识层次低、缺乏技术的人实现迁移比较困难，往往是那些对区域经济发展贡献能力高的人群实现了迁移，使人口、要素和产业向少数条件好的地区集聚，这将会加剧区域间发展的不均衡。

采取公平性原则是希望能够在不同的利益相关者之间公平地分配生态建设成本与生态环境收益，如果某一地区在生态环境建设中其收益远大于其成本的，需要做出补偿。这种公平不仅体现在各区域之间、人与环境之间，也体现在代内与代际之间。对于限制开发区域为实现主体功能的目标，导致区域经济发展权力受限造成的相应损失以及当地居民未能享受均等的基本公共服务，均应按公平性原则得到补偿。

4.1.3　差异性原则

我国地域辽阔，社会经济发展水平极不均衡，东西部地区之间生态环境存在着巨大差异，不同地区的社会公众对于生态环境保护的认知水平也有明显差距，而且地域经济的差异使得人工成本等也有较大差距。以森林生态系统为例，其营林、管护投入在地区间存在着差异，不同质量的林地产生的生态效益也有所区别。因此，生态补偿机制的建立应考虑地域差异、认知差异及发展水平差异等制定适宜的标准，才能体现公平性，才能使资源配置具有高效性。在主体功能区划中，东北地区共设定了四个生态功能区，其发挥的主要生态功能有所不同，详见表4-1 东北地区重要的限制开发区域及其“生态”分工[101]。

表 4-1　东北地区重要的限制开发区域及其生态分工

地区	水源涵养	土壤保持	防风固沙	生物多样性保护	洪水调蓄
大小兴安岭	+ +	+		+	
长白山区	+			+ +	
三江平原				+ +	+
呼伦贝尔草原			+ +		

注：“ + ”表示该项功能重要，“ + + ”表示该项功能极重要。

资料来源：丁四保，王昱．区域生态补偿的基础理论与实践问题研究[M]．北京：科学出版社，2010，190。

4.2　生态补偿机制要素的确定

4.2.1　补偿主体的确定

按照“谁受益、谁付费，谁破坏、谁恢复”的原则，可以明确生态补偿的主体应该是生态服务正外部性的享受者或是生态服务负外部性的产生者。补偿主体的确定主要是解决“谁来补”的问题。对于受益对象明确的，应由受益的企业或个人承担相应的生态补偿费；对于受益对象不明确的，应由受益者代表即政府来承担相应的生态补偿责任。

我国目前设定的重要生态功能区主要有国家自然保护区、水源涵养区、生物多样性保护区、防风固沙区以及水土保持区。国家级限制开发区的生态系统十分重要，关系全国或较大范围的生态安全。目前确定了包括大小兴安岭生态功能区在内的24个地区为国家级限制开发的生态功能区，总面积约270万平方公里，占全国的28%，分为水源涵养型、水土保持型、防风固沙型和生物多样性维护型四种类型，详见表4-2限制开发的生态功能区规划情况。

表4-2 限制开发的生态功能区规划情况

类型	具体的生态功能区
水源涵养型	大小兴安岭森林生态功能区、长白山森林生态功能区、新疆阿尔泰山地森林生态功能区、四川若尔盖高原湿地生态功能区、青海三江源草原草甸湿地生态功能区、祁连山冰川与水源涵养保护区、甘南黄河重要水源补给生态功能区、南岭山地森林生态及生物多样性功能区
水土保持型	黄土高原丘陵沟壑水土流失防治区、大别山土壤侵蚀防治区、三峡库区水土保持生态功能区、桂黔滇等喀斯特石漠化防治区
防风固沙型	新疆阿尔金草原荒漠生态功能区、新疆塔里木荒漠生态功能区、内蒙古毛乌素沙漠化防治区、内蒙古科尔沁沙漠化防治区、内蒙古呼伦贝尔草原沙漠化防治区、内蒙古浑善达克沙漠化防治区
生物多样性维护型	秦巴生物多样性功能区、川滇森林生态及生物多样性功能区、藏西北羌塘高原荒漠生态功能区、藏东南高原边缘森林生态功能区、东北三江平原湿地生态功能区、海南岛中部山区热带雨林生态功能区

资料来源：全国主体功能区划(2009～2020)——构建高效、协调、可持续的美好家园；国家《“十一五”规划发展纲要》。

重要生态功能区所提供的生态产品大多属于纯公共产品，具有非竞争性与非排他性的性质，其受益对象广泛，全国范围内的政府及居民都会受益，因而这部分生态建设的成本及生态效益的补偿应该由中央政府作为生态补偿的主体。中央政府一方面代表了全国人民的利益，担负着社会公共管理的职责；另一方面由于重要生态功能区的生态产品具有正外部性，其产权往往难以准确界定，适宜由中央政府提供补偿资金进行生态建设和生态保护。大小兴安岭生态功能区属于重要的生态功能区，通过上面的分析可知，其补偿主体主要是中央政府。

4.2.2 补偿客体的确定

生态补偿的客体是指补偿主体权利、义务所共同指向的对象，补偿客体也就是生态服务正外部性的产生者或者生态服务负外部性的纠正者，换句话说是因向社会提供生态服务、从事生态环境建设等而付出相应成本或其他利益受损，应得到补偿的社会组织、地区和个人，补偿客体的确定是解决“对谁补偿”及“对什么补偿”的问题。

大小兴安岭生态功能区被划定为水源涵养型的森林生态功能区。森林是陆地上最大的生态系统，可以调节自然界中空气和水的循环，影响着气候的变化，保护土壤不受风雨的侵蚀，减轻环境污染带给人们的危害。据统计，全世界绿色植物一年吸收的二氧化碳总量为440 亿吨，释放出的氧气为 120 亿吨。森林生态系统提供的生态服务功能主要包括涵养水源、保持水土、改良土壤、调节气候、固碳供氧、防风固沙、保护生物多样性、维持环境景观等。李金昌曾在《生态价值论》中，将森林生态系统的主体服务功能归纳为涵养水源、保持水土等七大功能，具体见表 4-3 森林生态系统的主要生态服务功能[33]。中国林科院依据第七次全国森林资源清查结果和森林生态定位监测结果评估，仅固碳释氧、涵养水源、保育土壤、净化大气、积累营养物质及生物多样性保护 6 项生态服务功能年价值已达 10.01 万亿元[102]。

大小兴安岭生态功能区的建设者承担着生态建设与保护的重任，具体体现为生态功能区内的国有林及集体林的经营管理单位，生态功能区建设要发生相应的生态建设成本，生态保护过程中还会发生营林成本、管护及防火等成本，另外，由于重要生态功能区产业受

表 4-3　森林生态系统的主要生态服务功能

生态服务功能	具体表现
涵养水源	增加贮水量 减少地表径流量 消洪补枯
保持水土	减少表土流失 增加土壤含水量
改良土壤	提高土壤有机质含量 提高氮、有效磷等植物营养物质含量 降低土壤容重
调节气候	调节温度 增加湿度 增加降水
改善大气(环境)质量	吸收 CO_2、SO_2 释放 O_2 净化污染物(包括消音降噪) 增加负氧离子
提供旅游观光条件	提供观赏风景 具有美学价值 提供游憩场所
保护生物多样性	保护生态系统多样性 保护物种多样性 保护遗传基因多样性 作为科学研究基地

资料来源：李金昌《生态价值论》，重庆大学出版社，1999 年。

限制，森林采伐量大幅缩减，致使生态功能区的经济发展受到制约，丧失的机会成本也应该得到补偿。此外由于森林会发挥巨大生态效益，也应该将生态效益作为补偿客体的一部分。综上所述，大小兴安岭生态功能区的补偿客体应为生态功能区国有林及集体林的经营管理单位，补偿其在生态功能区建设过程中所发生的建设与营林、管护成本等以及森林生态系统所发挥的生态效益。根据表 4-2 可知，大小兴安岭生态功能区被划定为水源涵养型森林生态功能区，因此在本章研究生态补偿标准相关内容及下一章确定大小兴安岭生态功能区建设生态补偿标准时，主要以森林生态系统为研究对象。

4.2.3 补偿标准的确定

生态补偿标准是指生态效益受益者向生态效益提供者按事先确定的依据所支付的具体补偿数额。生态补偿标准是解决“补多少”的问题，生态补偿标准的确定是建立生态补偿机制的重要内容，也是难点所在，以什么依据来确定补偿标准一直是个热议的话题。只有建立科学的、全面的、可行的补偿标准，才能激发生态环境保护者的积极性以及维持生态环境保护的效果，有效协调生态效益受益双方之间的矛盾。而目前大小兴安岭生态功能区生态补偿标准为全国统一标准，具体见第三章相关内容，全国统一的生态补偿标准不利于激励生态功能区建设的积极性，本书在第五章探讨多维度差异化生态补偿标准的制定，在本部分先讨论生态补偿依据的确定问题。为制定适合现阶段大小兴安岭生态功能区建设的生态补偿标准，在对学术界关于生态补偿标准确定依据探讨的基础上，对生态补偿标准的依据做出选择。

目前学术界探讨的生态补偿标准主要依据包括以下四个方面：

(1)以价值或成本为补偿标准。按第二章所述的马克思劳动价值论，以生态公益林为例进行相应说明，生态公益林的营造及管理凝结了大量的物化劳动和活劳动，因此生态公益林是有价值的，其价值包括了全部生产要素价值和社会平均利润，至少应将成本作为确定补偿标准的依据。

补偿标准设计应主要针对因设立生态功能区后新增加的成本以及由此对生态效益提供者所造成损失的补偿。这里的成本是个宽泛的含义，包括生态功能区建设过程中的公共设施建设成本、营林与管护成本以及因主体功能区划土地利用方式转变及产业发展受限制而导致的机会成本。机会成本通常指在决策时，一种资源(如资金或劳力等)用于本项目而放弃用于其他机会时，所可能损失的利益。以退耕还林为例，若将原来耕作的土地用于植树种草，农民所损失的农产品收益即机会成本。而在生态功能区建设过程中，由于为了满足其主体功能和国家区域规划的总体部署，对林木限伐所造成的经济利益损失，以及因为产业发展受限制所导致的生态功能区当地政府财政收入的损失等也都属于机会成本应给予补偿。另外还应考虑在生态功能区建设中因生态移民等原因给当地农民造成的损失，或者由于某些资源开发活动会造成一定范围内的植被及水资源破坏，此时需要进行环境治理和生态恢复，这些成本也构成生态补偿标准的一部分。机会成本法已被绝大多数学者认同，国外及国内很多的生态补偿实践案例也证明了这一点，详见表4-4 采用机会成本法确定生态补偿标准的应用案例[103]。

表4-4　采用机会成本法确定生态补偿标准的应用案例

典型案例	补偿标准确定依据
尼加拉瓜草牧生态系统补偿	农户最佳土地利用产生的价值
哥斯达黎加 PES 项目	造林地区的机会成本
美国环境质量激励项目	在生产者成本和潜在收益间确定
纽约流域管理项目	最佳经营活动的成本
美国保护准备金项目	每年 125 美元和 50% 的成本来补偿
西藏水生态系统服务功能补偿	农民每年土地大麦产量
中国退耕还林工程	接近机会成本的粮食和资金补贴

资料来源：李晓光等．生态补偿标准确定的主要方法及其应用．生态学报，2009。

机会成本法是目前比较合理，认同度比较高的一种生态补偿标准的确定方法，可以直接补偿生态环境保护的提供者因保护环境所遭受的经济损失，计算方法也比生态系统服务功能价值的估算简单得多。

(2)以生态服务功能价值为补偿标准。很多学者认为应该以生态服务功能价值的评估结果作为生态补偿的依据，国内外有许多学者采用不同的方法对生态服务功能价值作出评估，当前生态系统与自然资本的经济价值评估技术主要可分为三类：

一是实际市场评估技术。这种方法主要针对有实际市价的生态系统产品和服务，以市价作为生态系统服务的经济价值，评估方法包括市场价值法和费用支出法。

二是替代市场评估技术。这种方法主要适用于无法在市场上直接找到市价的产品或服务的评估，可以求助于一些间接措施，如在市场上去寻找一种与其使用价值相类似的物品，这种替代品的市场价格也叫影子价格，具体方法有影子工程法、恢复防治费用法、旅行费用法和享乐价值法等。旅行费用法目前在我国运用得相对较少，主要原因是由于其计算结果主要取决于设计者及调查对象对景观的重要性和存在价值的认识，而这种主观性的东西其准确性较难判断。运用最为广泛的是影子工程法或影子价格法。但要注意的是，这种方法在应用时必须准确定义将要修复或替代的生态系统特征，否则极易出现由于使用范围界定不清滥用和替代不完全的问题，例如水库的重建成本只能替代森林和湿地的水源涵养功能，却替代不了娱乐等其他功能。另外生态系统具有多种功能，而且有些功能是相互影响的，如果对这些功能分别计算出评估价值，然后将其累加作为总体的生态系统服务价值，势必存在重复计算问题，导致计算结果偏大。替代的过程及内容往往是研究者个人的主观判断，并不是真实的市场行为，因而评估出的结果可能无效。

三是模拟市场技术。这种方法适用于非商品形式的生态系统服务，其价值确定往往是通过直接询问受益人的支付意愿。模拟市场技术是要将生态系统的自然属性融入经济系统中，但我们对生态系统的认知始终是不全面的，导致这种方法所得出的效果不尽如人意，而模拟的市场也非真实市场，这种方法的使用受到了很大的制约。

总的来说，以生态服务功能价值作为生态补偿标准存在着明显的缺陷，主要体现在：

第一，由于生态系统本身的复杂性以及目前理论和研究方法的水平相对滞后，导致学者们所计算出来的生态服务功能价值估算的价值数额巨大，均远远超过财政承受能力甚至当地的GDP水平，如

Costanza 计算出的全球生态系统服务功能的价值比同期世界国民生产总值高 18 万亿美元。中国林科院依据第七次全国森林资源清查结果和森林生态定位监测结果评估，仅固碳释氧、涵养水源、保育土壤、净化大气环境、积累营养物质及生物多样性保护等 6 项生态服务功能年价值达 10.01 万亿元，而 2008 年全国财政收入仅 6.13 万亿元，也就是说以全国的财政收入来补偿生态服务功能价值还远远不够，因此生态服务功能价值计量结果在生态补偿政策和实践的运用中受到限制，目前尚不可能将生态服务功能价值全额作为生态补偿的标准。

第二，很难确定由于生态环境保护到底增加了多少生态系统服务功能，不能将整体的生态系统服务功能和应补偿的生态系统服务功能划等号。某种生态产品具有多种生态功能，并不意味着其价值就一定大，生态产品其价值的大小还应取决于凝结在生产过程中的产品成本及人工成本。李周(1993)认为产品的价值和它的效益不能完全等同，价值与资源配置水平有关，而效益则与消费水平有关，在计算森林生态效益价值时，不能简单用效益计量方法替代价值计量方法[104]。

第三，生态系统服务功能价值的大小由于所选取的方法不同而导致计算的结果差异很大，而且生态系统到底对生态服务功能价值有多大的真实贡献尚不可知。即使生态系统服务功能价值的计算结果真实可靠，它也仅仅是对产生收益的计算，而生态补偿设计的初衷是对生态环境保护过程中投入的成本或因此造成的损失进行补偿，也就是说补偿的标准应基于成本或劳动价值。但要科学确定生态补偿标准，又不能完全不考虑生态系统服务功能。

(3)以支付意愿为补偿标准。支付意愿是通过询问的方法来了解人们愿意对某事项所给付的金额，其结果可以侧面反映出被调查者对该事物的价值判断，但这种结果具有明显的主观性。有些学者认为补偿标准的确定，应考虑受偿者以及支付者的意愿，通过设计调查问卷来了解不同收入水平的家庭对生态补偿的支付意愿及生态保护者的受偿意愿等。意愿调查法把生态补偿利益相关者的收入、直接成本和预期等因素整合为简单的意愿，可以避免事前做大量的基础数据调查，通过意愿调查所获得的数据能够得出补偿提供者所愿意支付的最大值。目前用得比较多的方法即条件价值法(CVM)，这种方法是国际上衡量生态系统服务中非经济利用部分价值的主要方法之一。它通过开展社会问卷调查来获取相应数据，根据调查结果来评估社会对某项生态服务的支付意愿，可以针对支付或受偿意愿进行问卷调查以揭示社会对某类生态服务需求的偏好。

但意愿调查法存在着明显缺陷，那就是调查得出的结论可能会与真正的意愿不相符合，风险比较大。支付意愿调查法存在的问题，主要体现在以下几方面：

一是所选取的调查对象样本是否有代表性。被调查者对于所提问题的理解程度受到其知识结构、固有观念及理解能力的影响，最终评估结果与调查对象的选择有直接关系。然而调查组人员未必采用科学的抽样方法，可能导致调查结果不能反映样本总体的支付意愿水平。

二是调查问卷中问题设计的是否合理，问卷上所提供的相关信息以及问题提出的先后顺序都会影响评估结果。

三是通过调查未必能获取人们对生态补偿的真实意愿表达，无法满足确定补偿标准的需要。支付及受偿意愿与生态环境保护的受益者或提供者的居民家庭收入、受教育程度、对生态环境的关注程度等很多因素密切相关，对于具有外部性的生态服务，很难激励人们作出真实意愿的表达。很可能出现由于利益相关者对调查的理解情况不同，家庭收入偏低或者由于受教育程度低而对生态环境认识不足，并没有能力来准确评估生态服务能给其带来多大的效用，所给出的补偿额是非常随意的而且可能非常低，根本不足以对生态环境效益进行补偿。而且被调查者总是偏好按对自己最有利的方向来表达意愿，为了自身利益最大化很可能不愿对生态环境保护支出作出相应补偿或给出支付额度很低的调查结果，而这些调查结果未必是那些利益相关者真实意愿的表达。若以这些调查结果来作为生态补偿标准的话，很显然是不科学的。此外意愿调查既有接受意愿，也有支付意愿，若两种标准不统一，尤其是当支付意愿远远小于接受意愿的时候很难调节。对于具有广泛影响的生态服务，其组织和实施调查的成本也将是一个巨大的障碍。按此方法评估的结果通常都要远低于其实际价值，也不宜直接以该结果作为补偿标准的确定依据。尤其是对于受益群体分散的生态系统，不适合采用支付意愿法来确定生态补偿标准。

(4)以市场价格为补偿标准。市场价格法主要适用于具有市场化特征的物质产品生产及某些信息等服务方面的交易评估，可直接通过交易双方的市场交易价格来确定补偿标准。其交易双方一般为一对一的政府与政府或者政府与企业之间，这种交易一般通过协商来确定最终的补偿标准，协商的过程也就是供需达到平衡点的过程。目前市场价格法多用于能够建立市场的水资源的生态补偿和碳排放权的补偿，以及政府间生态补偿标准的确定。按市场法确定补偿标准简便易行，但也存在一定缺陷，主要表现在：第一，生态系统过于复杂、动态性强，很难预测生态系统的供应水平有多少；第二，如果对拟评估的生态系统服务和可以市场化的商品之间的内在联系缺乏了解，那么这种评价结果的可信度将受到质疑。

综合以上几种补偿标准的分析，本书认为应当分析不同的生态要素特征，来制定适宜的差异化补偿标准，不能不区分不同生态要素的特征，只用单一方式来确定补偿标准是不合适的。鉴于此，现阶段应以成本补偿为主，适当考虑生态效益及支付意愿等因素，并且针对不同的生态要素其侧重点应有所不同。

4.2.4 补偿模式与途径

纵观国内外生态补偿实践，归纳起来主要包括政府补偿、市场补偿以及混合补偿三种模式。

4.2.4.1 政府补偿模式

政府补偿模式是以政府作为补偿主体对生态效益提供者给予生

态补偿的方式，目前政府补偿模式在我国生态补偿中居主导地位，具体包括财政转移支付、政府直接投资、专项基金和其他辅助模式。

(1)财政转移支付。政府采用公共财政途径来进行生态补偿，目前采取的主要是财政转移支付制度。世界各国往往都要通过财政转移支付来协调中央和地方财政的分配关系、强化中央政府的宏观调控以实现国家公共服务最低标准的目标。财政转移支付制度是由于中央与地方财政之间的纵向不平衡以及各地区财政的横向不平衡所产生的，是国家为实现区域间的均衡发展而采取的一项财政支出制度。从狭义的角度来理解，财政转移支付一般特指上级政府对下级政府的无偿财政资金转移。财政转移支付制度是财政体制的一个重要组成部分，在1994年分税制改革的基础上，为了解决地区收支均衡的问题，国家逐步试行了转移支付制度，其方式包括一般转移支付、专项转移支付和税收返还三种。一般转移支付又叫做无条件拨款，这种资金的使用通常不规定具体用途，接受地区可将该资金用于弥补一般预算不足部分。通过一般转移支付可提高接受方政府的基本财政能力，缩小地区财力差距，有助于实现公平。专项转移支付也被称作有条件拨款，拨付主体往往事先规定了资金的使用方向或具体用途。专项转移支付规模的大小取决于受助方的财力状况、受助方拟建项目的重要程度及预算金额，专项转移支付则是为了对地方政府支付的生态环境保护与建设这类额外成本进行补偿。中央对地方政府的转移支付形式如图4-1我国中央对地方转移支付类别所示。从受偿方向上看，我国生态补偿转移支付基本可分为纵向生态补偿和横向生态补偿两种类型。一般转移支付中只有均衡性转移支付有横向转移支付的特征，其他的一般转移支付以及专项转移支付都属于纵向转移支付。

政府间财政转移支付通常有三种模式，一是中央政府对地方政府、上级政府对下级政府的财力转移，这种单纯上下级政府间的转移支付属于纵向转移支付。在国家对重要生态功能区运用纵向转移支付进行补偿时，可主要用于补偿生态功能区因保护生态环境而牺

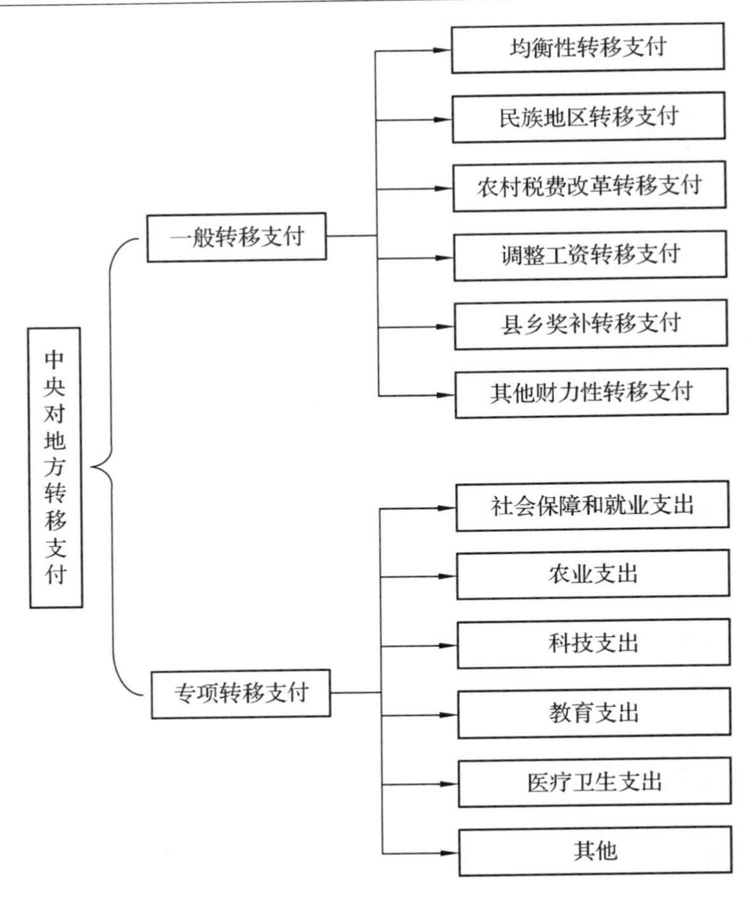

图 4-1　我国中央对地方转移支付类别

性的经济发展的机会成本。二是同级政府之间的财力转移，通常都是富裕地区将其部分财力直接转移给贫困地区，这种转移也被称作是“单一横向转移”，这种横向转移支付既要补偿生态效益提供者生态建设和保护的额外成本，还要补偿因产业发展等受限制而导致的发展机会成本。三是纵向与横向转移支付相结合的混合方式。由于生态补偿问题既存在于中央与地方政府之间，也存在于各地方政府之间，因此生态补偿需要同时使用横向转移支付手段和纵向转移支付手段。目前世界上绝大多数国家政府间财政转移支付都实行以纵向转移为主，纵横相结合的模式。关于纵向转移支付和横向转移支付的内容本书将在第六章做具体研究。

财政转移支付手段除了上面所述的一般转移支付和专项转移支付外，还包括税收返还。目前我国税收返还规模仍然较大，如 2010 年中央对地方税收返还占税收返还和转移支付总和的 16%。税收返还与税基、企业效益以及经济发展水平密切相关。优化开发区和重点开发区得到的税收返还规模较大，而限制开发区和禁止开发区得到的税收返还规模较小。中央政府将从分税制改革中集中起来的财政收入按基数法返还给地方，使得经济越发达的省份得到的税收返还越多。中央的转移支付不仅没有缩小各省级政府财力的差距，相反却使差距进一步加大。不仅起不到缩小地区差距的作用，反而会加剧地区财力不均衡，实际上起到了逆向调节作用，偏离了均等化目标。鉴于税收返还存在的缺陷，建议缩小其规模最终将其取消，将这部分资金用于均衡性转移支付以缩小地区差距。

(2)政府直接投资。政府直接投资既包括中央政府也包括地方政府的投资，所投资金主要用于生态建设和环境保护项目。中央政府主要投资于国家生态功能区的生态建设项目，用于补偿生态功能区因规划要求而付出的额外建设和保护成本，地方政府主要投资于对当地生态环境有重要影响的建设项目。政府投资一方面可以直接促进生态功能区的生态环境保护，另外还会起到投资导向的作用，引导其他社会资本也对重要生态功能区进行投资，有助于提高当地的经济发展水平，从而减轻对生态环境的压力。大小兴安岭生态功能区内原来没有执行天保工程的地方林业部分，主要采取中央预算内投资建设的方式，所拨付的生态功能区建设资金主要用于表 4-5 中所列的 8 项转型项目建设。

按照《国家发改委关于下达大小兴安岭林区接续替代产业专项 2011 年中央预算内投资计划的通知》，已批准的黑龙江省大小兴安岭林区接续替代产业专项 2011 年中央预算内投资计划如表 4-5 所示。

从表中可知，国家发改委批复的黑龙江省大小兴安岭林区接续替代产业专项2011年中央预算内投资项目有8个，总投资55519万元，其中中央预算内投资10182万元，该部分资金已到位；地方投资1586万元；银行贷款16100万元；企业自有投资27651万元。中央预算内投资约按项目总投资的20%匹配，不足的建设项目资金通过银行贷款、地方及企业投资方式来解决。通过黑龙江省林业厅所划拨的8项接续替代产业专项投资，不属于真正意义上的生态补偿，大部分是为了扶持生态功能区内产业项目发展而拨付的中央建设项目投资。

(3)生态补偿专项基金。生态补偿专项基金是生态补偿的一种重要形式，是财政转移支付模式的重要补充。目前，依据相关部委制定的法律、法规，我国已有多项生态补偿方面的专项基金，如中央环境保护专项资金及中央森林生态效益补偿基金等，这些专项基金的设立对我国生态补偿的实践起到了重要作用。大小兴安岭生态功能区内未执行天保工程的地区，对其重点公益林实行森林生态效益补偿基金的政策。

(4)其他辅助补偿方式。除以上三种主要的政府补偿模式外，政府还可以采取诸如税收优惠、扶贫、发展援助以及经济合作等方式进行生态补偿，采用这些辅助补偿方式的主要目的是补偿生态效益提供区的发展机会成本。政府可以通过提高生态效益提供区的税收分成比例或采取减免税等税收优惠措施进行生态补偿，也可以将现有扶贫、发展援助政策向重要的生态功能区和生态脆弱区倾斜，这些措施都有助于发挥生态补偿的积极作用。对生态功能区居民进行生态补偿与扶贫及发展援助政策是相辅相成的，因而扶贫、发展援助政策也可视为生态补偿的相关政策。此外还可以通过开展经济合作来进行生态补偿，例如为生态功能区创造就业机会、进行人力资源培训，建立异地开发区等。这些辅助方式适用的地域范围比较小，主要适用于解决跨省界的中型流域、城市饮用水源地和辖区内小流域的生态补偿问题。

表 4-5 大小兴安岭林区接续替代产业专项 2011 年中央预算内投资计划下达表

项目名称	建设性质	开工年份	建成年份	投资类别	总投资	计划下达投资
黑龙江省(8 项)				合计	55519	
				中央预算内投资	10182	10182
				地方投资	1586	
				银行贷款	16100	
				企业自有投资	27651	
黑龙江省乌马河林业局林场生物质气热联供项目	新建	2011	2011	合计	3365	
				中央预算内投资	1110	1110
				地方投资	673	
				企业自有投资	1582	
黑龙江省鹤北林业局双丰林场、金矿林场生物质气化联供项目	新建	2011	2011	合计	1873	
				中央预算内投资	618	618
				地方投资	375	
				企业自有投资	880	
大兴安岭韩家园林业局局址供热系统改扩建工程	改扩建	2011	2012	合计	2690	
				中央预算内投资	888	888
				地方投资	538	
				企业自有投资	1264	
黑河新兴开发有限责任公司黑河边境经济合作区二公司产业集聚区基础设施工程一期项目	扩建	2010	2012	合计	8673	
				中央预算内投资	1376	1376
				地方投资		
				企业自有投资	7297	
大兴安岭对俄经济贸易合作园区基础设施工程建设项目	新建	2011	2012	合计	11651	
				中央预算内投资	1850	1850
				企业自有投资	9801	

（续）

项目名称	建设性质	开工年份	建成年份	投资类别	总投资	计划下达投资
漠河县北极圣诞村基础设施建设项目	新建	2011	2011	合计	7900	1260
				中央预算内投资	1260	
				银行贷款	5500	
				企业自有投资	1140	
黑龙江省伊春新昊绿色旅游集团梅花河山庄基础设施建设项目	扩建	2010	2012	合计	7867	1240
				中央预算内投资	1240	
				银行贷款	3000	
				企业自有投资	3627	
黑龙江省萝北县太平沟林场龙江三峡国家森林公园基础设施建设项目	新建	2011	2012	合计	11500	1840
				中央预算内投资	1840	
				银行贷款	7600	
				企业自有投资	2060	

4.2.4.2 市场补偿模式

市场补偿模式是生态效益提供者与受益者按市场规则将生态服务功能或生态产品定价，由生态效益受益者向生态效益提供者购买的方式所进行的补偿。目前可用的生态补偿市场手段主要有一对一的市场交易、可配额的市场交易和生态标志等。

(1)一对一的市场交易。一对一的市场交易是指利益关系清晰，受益方与保护方数量较少且明确的情况下，可以通过协商直接进行生态服务的市场交易。这种模式主要适用于跨省界的中型流域、城市饮用水源地和辖区小流域的生态补偿，比较有代表性的一对一市场交易形式是上下游政府间的水资源交易。

(2)可配额的市场交易。如果生态效益提供者和受益者众多或不确定，无法采取一对一的形式进行市场交易，并且生态系统所提供的可供交易的生态服务能被标准化为可计量的、可分割的商品形式，则可以采取可配额的市场交易模式，将配额指标作为商品进行交易。

可配额市场交易达成的关键是采取何种办法将生态服务转化成可计量的和可分割的交易单位，这种可配额的市场交易模式在《京都议定书》的倡导下已有碳排放权交易的实例。而排污权也可作为可交易的配额。排污权交易指标的获取方式主要有三种：一是某交易方将自己富余的排放权指标出让；二是受让方采取提供资金或技术等方式帮助出让方削减污染物排放从而取得的排放权指标；三是多个排污单位共同出资购建污染物处理设施，待达到削减污染物目的后，将富裕的排污权指标用于交易，其收益按出资比例共同分享。国家应对不同地区按其经济发展水平及生态资源情况来制定配额，并努力构建完善的配额交易市场，促使不同区域间能成功实现配额交易，大小兴安岭生态功能区的生态补偿也应积极借鉴这种交易模式。

(3)生态标志。生态标志制度严格意义上说，不能算做生态补偿，但对大小兴安岭生态功能区的发展意义重大。生态功能区产业受限，主要靠发展生态旅游，特色种植养殖业、绿色食品生产加工等产业。随着生态功能区建设的推进，环境质量的日益提高，以及人们生活水平的不断改善，对食品安全的关注等，使人们在解决温饱的前提下，更希望享有高质量且安全的食品。建立生态标志制度，使得有此偏好的公众去消费以环境友好方式生产的产品，愿意付出较高的价格来购买附加于产品上的生态服务功能价值，相当于对生态效益提供者的一种间接补偿。从这一角度出发，我国政府应积极发展生态标志制度，大小兴安岭生态功能区政府也应将当地的生态优势转化为产业优势。此外政府应积极建立绿色消费体系，鼓励政府绿色采购，并引导广大消费者去消费有生态标志的产品，拓展补偿的新途径。

4.2.4.3 混合补偿模式

在一个生态功能区内可能存在着一些受益方数量众多且不明确的生态要素系统如森林生态系统，也可能存在另外一些受益方少且明确的生态要素系统如流域等，那么就会出现在同一个生态功能区内，采取政府补偿与市场补偿相结合的混合补偿模式，这种模式可以取长补短，发挥各自优势。重要生态功能区的补偿，其生态服务功能的受益区为全国乃至全世界，对其补偿应以政府补偿为主，同时还可以对某些生态要素采取市场补偿模式。

4.2.5 补偿资金的来源渠道

生态补偿资金的来源渠道主要有以下几个方面：

(1)财政预算收入。财政预算收入是中央政府为实现生态环境保护的目标通过财政专项补助、事业拨款等方式进行生态补偿的主要资金来源，由于生态效益存在外部性，因而财政预算收入是我国目前最重要的生态补偿资金来源渠道。随着我国财政收入的提高，通过转移支付形式所付出的生态补偿额也会随之增加。

(2)征收生态环境税费。环境税费政策是调节和引导生态环境保护的经济手段，包括环境税、与生态环境保护有关的税收和优惠政策以及生态环境的收费制度等。生态环境税费的征收可以起到调节生产者行为，把生态成本内置到企业生产成本中及约束在自然资源开发过程中损害生态环境行为的作用，征收生态环境税费同时也是政府财政收入的重要来源。

(3)发行国债或地方政府公债。发行国债可以长期稳定地筹资，可以弥补财政资金的不足。中央政府可以通过发行国债的方式来筹集所需资金，另外地方政府也可以向中央政府申请使用国债资金用于生态功能区建设，或者地方政府经过批准也可以通过发行地方政府公债的方式来筹集生态环境补偿不足的资金部分。

(4)接受捐赠或援助。随着可持续发展观念的深入人心，社会上对生态环境的关注程度逐步加深。随着国际组织之间合作领域愈加广泛，我国政府还可以接受国际组织、外国政府以及国内单位和个人的捐款或援助，作为生态补偿资金缺口的有益补充。

(5)发行生态彩票。据统计，2011 年中国福利彩票年销售额突破了 1000 亿元，从 1987 年福利彩票创立至今，福利彩票历年发行总量已经突破了 6000 亿元。彩票的“公益性”和偶然获利的“功利性”，使人们乐于接受也愿意积极购买，可见彩票有巨大的筹资功能。若发行生态彩票，除其具有巨大的筹资功能外，还具有深远的社会影响力，可以通过发行生态彩票积极宣传生态环境的重要性，使生态环境保护的观念深入人心，力争实现全民参与生态建设，全社会办林业的目标，但通常发行生态彩票的额度不固定，只能作为生态补偿筹资的辅助手段及有益补充。

(6)绿色保证金制度。绿色保证金制度是指要求企业在开展可能对生态环境造成污染的项目之前，在项目建设之初就预先缴纳一定金额的保证金。如果该项目在建设过程中所造成的环境污染超出既定标准，则政府就会没收事先缴纳的保证金，将其作为生态保护与污染治理的专项基金的一部分；若污染未超标仍在可控的范围之内，则可将保证金返还给企业。征收绿色保证金的重大意义在于使企业在进行项目开发之前，就做好环境的污染预防工作，尽量避免出现先污染后治理的局面。

(7)BOT 投资方式。BOT(Build-Operate-Transfer)投资方式实质上是基础设施投资、建设和经营的一种方式，是指通过政府或所属机构与投资者之间达成协议为前提条件，向投资者提供特许经营权，准许投资方在一定时期内筹集资金开发建设某一基础设施并管理和经营该设施及其相应的产品与服务。在项目建成后的一定期限内所得利润归投资者，待协议期满后将项目无偿移交给当地政府。我国很多高速公路的建设采用的是这种 BOT 投资方式。国外以及国内发达地区的大型企业集团较多，且有相当的资金实力，在生态功能区建设资金不足的情况下，可以考虑采用 BOT 投资方式，允许投资方将资金投入到政府担保的生态领域，让这些投资方先期获取利润，这无疑是解决资金短缺困境的一种重要途径。

4.3 生态补偿机制的运行

大小兴安岭生态功能区生态补偿机制若要顺利、高效运行，需要合理确定大小兴安岭生态功能区生态补偿机制的各要素，形成以政府引导为主，以配套支撑体系作保障的利益协调机制，最终达到大小兴安岭生态功能区社会经济永续发展、人与自然和谐发展的目标，生态补偿机制的运行如图 4-2 所示。

国家及其他受益地区之所以要对生态功能区进行生态补偿，是缘于人类对于良好生态环境的追求。而社会经济的发展使得对环境需求不断增加，对自然资源的持续开发会造成资源枯竭、生态环境日益恶化。对良好生态环境的需求与经过人类活动所造成的不断恶化的环境之间存在着矛盾，对生态功能区内居民和企业产生了一定压力。而人们逐渐意识到要想实现人与自然和谐共处，就要重视对

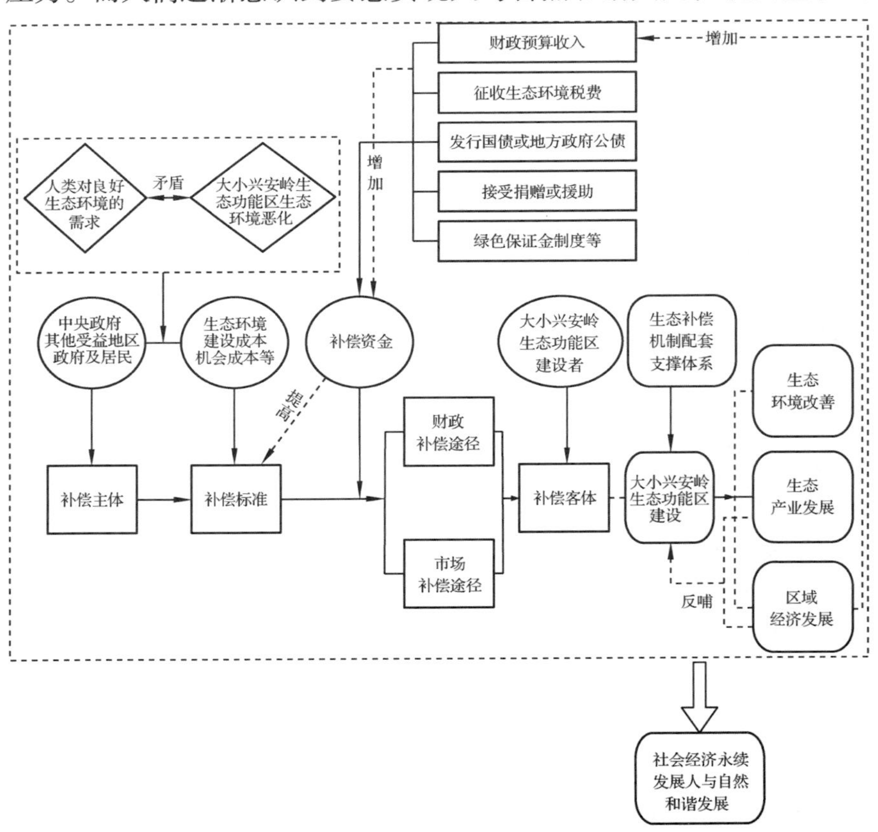

图 4-2　生态补偿机制的运行图

生态环境的保护，而实施生态保护一定会发生相应成本，所以受益者就要通过某种渠道筹集生态补偿资金，并按一定的标准采取财政补偿途径或市场补偿途径等对大小兴安岭生态功能区建设者进行补偿。随着生态补偿资金投入大小兴安岭生态功能区建设后，将会产生一定的效益，包括生态环境改善、生态产业发展以及区域经济发展等，而大小兴安岭生态功能区生态产业发展及区域经济发展又可以反哺生态功能区建设。随着国家财力的提高及大小兴安岭生态功能区经济的发展，大小兴安岭生态功能区的地方财力也会有所提高，这样国家将对生态功能区建设投入更多的补偿资金，相应地会提高生态补偿标准，再通过财政等补偿途径用于生态功能区的建设，这样就会形成一个良性循环的利益协调与反馈机制，最终实现大小兴安岭林区社会经济永续发展、人与自然和谐发展的目标。本书将在第七章对生态补偿机制的配套支撑体系进行具体研究。

4.4 本章小结

本章首先阐述了大小兴安岭生态功能区建设生态补偿机制的建立应遵循受益者补偿原则、公平性原则以及差异性原则等三个基本原则。然后确定了生态功能区建设生态补偿的主体及客体。在系统阐述现有补偿标准确定依据各自的优缺点及适用性基础上，认为现阶段大小兴安岭生态功能区补偿标准的确定依据应以成本补偿为主，并为第五章多维度差异化补偿标准的确定奠定了基础。探讨了生态补偿的途径与模式以及生态补偿资金的来源渠道，最后阐明了生态补偿机制的运行规律。

5

大小兴安岭生态功能区建设多维度差异化补偿标准的确定

大小兴安岭生态功能区是国家“十一五”规划确定的限制开发区，其类型为水源涵养型森林生态功能区，本章结合大小兴安岭生态功能区建设的不同阶段、不同地域发生的森林管护与机会成本等、森林资源的自然属性及经济发展状况等，从多个维度构建森林生态系统差异化的生态补偿标准计算模型，并分别确定大兴安岭林区及小兴安岭林区森林生态系统生态补偿的最低标准和较高标准。

5.1　确定生态补偿标准应考虑的因素

在确定生态补偿标准时应主要考虑以下因素，当然这些因素并不是在确定所有生态要素系统的生态补偿标准时都会用到，而要有所侧重。

(1)大小兴安岭生态功能区建设的不同阶段。大小兴安岭生态功能区建设是一个长远规划，按照《大小兴安岭林区生态保护与经济转型规划》其规划期为 10 年，但期满后生态功能区的生态保护任务仍然会很艰巨，生态功能区的建设是个长期的任务，可能需要几代人共同努力才能达成建设目标，因此生态补偿标准的确定也要依据生态功能区建设的逐步开展及国家财力的不断提高而有所不同。在合理确定大小兴安岭生态功能区建设生态补偿标准时要体现出阶段性、动态性及差异化的特点，以满足大小兴安岭生态功能区建设的需要，也就是说要在生态功能区建设的不同阶段制定动态的差异化补偿标准。考虑到大小兴安岭生态功能区建设的情况、我国经济发展水平以及国家财力，可将生态功能区建设分成三个阶段。

第一阶段为初始阶段。在这一阶段主要建设任务是加强生态保护，并开展生态产业转型。由于在初始阶段生态功能区经济尚不发达且国家财力有限，生态功能区建设资金的来源渠道主要是中央财政转移支付及中央直接投资，且生态补偿额度不宜过大，可以主要补偿因生态功能区建设而付出的成本并适当考虑不同地区自然资源禀赋差异所带来的不同生态效益因素进行相应调整。目前大小兴安岭生态功能区建设时间尚短，故本书将其定位于这一建设阶段。

第二阶段为纵深发展阶段。经过初始阶段的建设，生态环境日趋好转，这一阶段的主要任务是生态保护与经济发展并行。随着国家财力的进一步提高、林区社会改革及体制改革的推进，转型企业经济效益逐渐好转，地方财力也将有所改善。这一阶段会加大生态功能区建设的基础设施投入，资金来源渠道为中央投入大部分资金，同时地方政府给予相应配套资金，此时生态补偿标准的确定就需要增加建设成本部分。

第三阶段为巩固阶段。经过前两个阶段的建设，此时生态功能区生态环境良好，生态产业转型基本完成，取得了良好的经济效益，并且林区社会转型亦已初战告捷，生态功能区内居民安居乐业。随着国家财力与地方财力的大幅提高，生态功能区内的生态产业反哺能力、人民生活水平及对生态环境的良好追求与环保意识也日益增强，有了以上基础，生态补偿标准的确定就可以更多地考虑生态服务功能价值因素，同时还可以结合支付意愿法等方法来加以综合确定。

（2）成本。

①建设成本。生态保护的建设成本等可以根据生态环境保护规划及投入来测算，具体包括生态工程新造林所占用林地的投入（地价及租金）、道路、通讯、防火等基础设施建设投入及移民搬迁费用等。由于工程建设时间长，且受益年限也较长，因而应考虑资金时间价值，可以采用财务管理中计算年等额净回收额的办法，来测算生态功能区建设年均需投入的成本，作为建设成本的年补偿额。

②营林与管护成本。营林成本包括因生态功能区规划新增加的林木种苗费用及林木的补植、抚育等成本，管护费用主要包括对生态功能区内森林进行管护的护林人员工资、护林设施费用、农药及器械支出等。

③机会成本。这一部分成本主要是补偿因生态功能区规划需要而对林木禁伐所造成的经济利益损失，可以根据禁伐的林木数量及林木平均价格来确定，结合经济发展水平等进行相应调整。另外对于因产业发展受到生态功能区规划限制所导致的当地政府财政收入的损失，应该作为发展机会成本予以考虑，具体可以参照国家或地区的平均利润率、平均 GDP 增速、林区人口经济和社会发展水平等指标来综合确定。

④其他损失。对于因生态功能区建设致使资源遭到破坏所带来的损失，也应给予相应补偿。

（3）森林资源的自然属性。在确定补偿标准时，要考虑自然生态要素的影响，主要包括：

①生态区位的重要性。在确定生态补偿标准时，应考虑生态区位的重要性。以森林生态系统为例，不同地区其森林生态系统脆弱性和生态重要性程度有所不同。生态区位是为了区分不同区域对生态系统服务的利用价值的不同而进行的区位划分，不同生态区位对相同土地利用类型生态系统服务价值的利用效率是不同的。森林生态区位是指森林生态系统或森林生态单元在某一时刻的空间几何位置。森林生态区位重要性是指某一森林生态系统或森林生态单元对

维持地区生态安全的重要程度及其在某一区域所表现出的生态功能的大小[105]。

下面以国家级公益林为例来说明生态区位的重要性，国家级公益林是指那些生态区位极其重要，对国家生态安全以及生物多样性保护等具有重要作用的重点防护林和特种用途林。2009 年国家林业局会同财政部联合颁发了《国家级公益林区划界定办法》，对国家级公益林的区划范围、标准以及保护等级做出规定，国家级公益林的保护等级具体分为三级。目前国家的政策是对于国家级公益林一级应严禁任何经营活动，国家级公益林二、三级可以采取卫生伐和生态疏伐等抚育性经营措施[106]。

②在确定森林生态系统的补偿标准时，应充分考虑反映森林生态质量的因素，如森林起源、林分类型、森林面积、林龄结构、蓄积量等。以森林起源为例，森林按起源可分为天然林和人工林。天然林是森林生态功能最强的生态系统，许多学者通过研究证明天然林在涵养水源等方面的生态功能明显高于人工林，如刘剑斌(2003)在《杉木天然林和人工林涵养水源功能研究》中得出天然林涵养水源能力明显高于人工林的结论[107]。而森林的不同林龄结构发挥的生态效益大小也是有区别的，幼龄林、中龄林、近熟林、成过熟林所产生的生态效益依次递增，也就是说林龄越长，森林发挥的生态效益越大。而不同林分类型其发挥的生态效益也有很大区别，许多学者的研究结果表明混交林比纯林具有更高的防护效益。谭学仁等(1991)通过对 20 多年生人工诱导的阔叶红松林系列生态效益调查，证实了在贮水保土能力及病虫害的防治能力等方面，混交林都比纯林有较大优势[108]。混交林与纯林相比，其生态稳定性更强，所发挥的生态效益也更大。通过上面的分析可知，很显然不能只简单按面积来确定一个全国统一的补偿标准。

(4)经济发展水平。生态补偿标准的确定应该是动态变化的，生态补偿标准的高低除了考虑成本等因素外，还应该考虑经济发展水平因素。在不同的经济发展阶段，国家与其他受益者的支付能力及对生态服务功能的需求都会有差异，本书参照李金昌(1999)在《生态价值论》中所确定的经济发展水平系数(K)作为衡量经济发展水平的指标[33]。联合国曾将人们的生活水平划分为贫困、温饱、小康、富裕和极富5个阶段，用恩格尔系数(E_i)作为区分标志，见表5-1。

表5-1 发展阶段划分

发展阶段	贫困	温饱	小康	富裕	极富
恩格尔系数	>0.6	0.6～0.5	0.5～0.3	0.3～0.2	<0.2

而经济发展水平系数与恩格尔系数联系密切，两者之间的关系可用公式表示为：

$$K_i = \frac{1}{(1 + e^{3-\frac{1}{E_i}})}$$

K越小，表明经济发展水平越低，国家及其他受益者对生态功能的价值感受度较低，支付能力也较差；K越大，表明经济发展水平越高，国家及其他受益者对生态功能的价值感受度较高，支付能力越强。由于大小兴安岭生态功能区(黑龙江省)共有39个县市，若通过查找每一县市的恩格尔系数再求综合值，统计数据量大且意义不大，因为这些县市都位于黑龙江省，省内各县市的恩格尔系数不会有太大差别，即使稍有差别，综合计算39个县市的恩格尔系数与黑龙江省恩格尔系数差别也不会很大，故为简化起见，本书中涉及大小兴安岭生态功能区恩格尔系数均用黑龙江省恩格尔系数代替。

以2001～2011年中国和黑龙江省城镇居民家庭恩格尔系数为例，其发展趋势如图5-1所示，将其换算成相应的经济发展水平系数后，其发展趋势如图5-2所示。

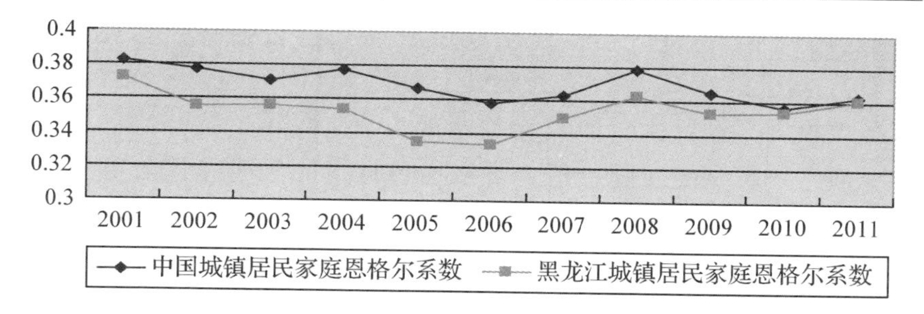

图 5-1 中国与黑龙江省城镇居民家庭恩格尔系数图

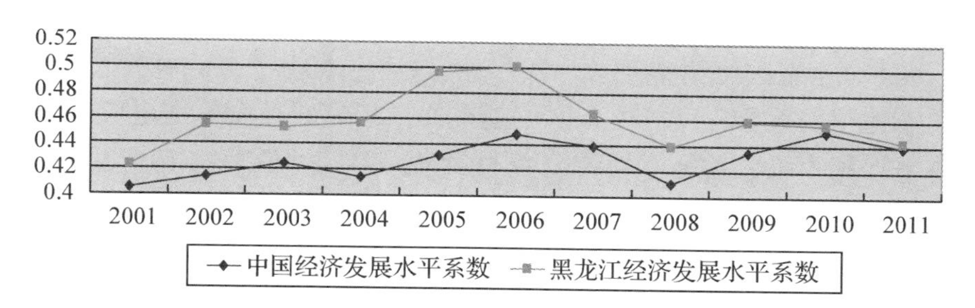

图 5-2 中国与黑龙江省经济发展水平系数对比图

5.2 多维度差异化生态补偿标准计算模型的构建

多维度差异化生态补偿标准计算模型的设计思路是结合生态功能区的不同建设阶段及经济发展状况，以生态功能区内不同地域所发生的生态建设与保护成本，包括因生态功能区建设所致限伐产生的机会成本为基础，因不同地域森林生态区位、森林资源自然属性如森林起源、林分、林龄、森林面积及蓄积情况各不相同，发挥的生态效益亦有所不同，因此在构建模型时，也应考虑这些因素，下面结合确定森林生态系统补偿标准应考虑的因素来构建生态补偿标准计算模型。

森林生态系统补偿标准确定所涉及的主要指标有：

(1)成本(C)。成本 C 包括建设成本 C_P、公益林营林及管护成本 C_M、机会成本 C_O等。C_P为建设工程成本，因为建设工程往往一次或分次投入金额巨大，但其受益期很长，所以年单位补偿标准的确定，应考虑资金的时间价值，可以通过计算年等额净回收额的办法来确定。建设成本年补偿额的计算公式为：

年补偿额 $= \dfrac{C_p}{(P/A,\ i,\ n)}$，其中$(p/A,\ i,\ n)$是年金现值系数。

机会成本计算公式为：$C_O = P \cdot q$，其中 P 为木材的均价，q 为因生态功能区建设而减少的采伐量。

(2)生态区位调整系数(K_D)。生态区位表明了该森林生态系统生态地位的重要程度。生态区位越重要，相应的补偿标准也应越高。本书按国家级公益林、地方公益林及商品林三个层次来确定生态区位调整系数。《国家级公益林区划界定办法》明确了国家级公益林的重要生态地位，因而国家级公益林、地方公益林及商品林其生态区位调整系数应依次减小。生态区位调整系数的大小本书采用层次分析法加以确定。

(3)森林生态效益调整系数(K_F)。通过前面的分析可知，不同的森林起源、林分类型及林龄结构等会对森林的生态功能产生影响，而确定生态补偿标准时，也应该考虑不同区域森林所发挥的生态效益有所不同。对森林所发挥的生态效益这种自然属性的评价涉及森林的土地权属、林木质量结构等很多方面，因受到数据来源的限制，不能将所有反映森林生态效益的自然因素涵盖其中。本书基于森林资源二类调查数据资料选取了反映森林自然属性的森林起源、林分类型、林龄、森林面积和森林蓄积五个方面的指标。森林生态效益调整系数的大小本书采用层次分析法加以确定。

(4)经济发展水平修正系数(K_L)。按前述公式计算完经济发展水平系数后，可以将某年的经济发展水平系数确定为基期数据 K_0，将计算年度的经济发展水平系数 K_i除基期数据 K_0，得出经济发展水平修正系数 K_L，其计算公式为：

$$K_L = \frac{K_i}{K_0}$$

在计算完以上调整系数后，森林生态系统年补偿额应按以下计算模型来确定：

$$C_S = C \cdot K_L \cdot \sum K_D . K_F$$

5.3 系数权重的确定

本书采用层次分析法(Analytical Hierarchy Process，AHP)确定生态区位调整系数以及森林生态效益调整系数的权重。层次分析法是一种对较为复杂、含糊的问题做出决策的简单数学方法，在专家打分法的基础上，将研究问题中的各种因素按其隶属关系及相关关联程度的不同进行分组，形成一种自上而下的逐层支配关系，然后通过两两比较来确定最后的综合权重。运用层次分析法可以避免因个人喜好不同所引起的评估结果差异。

层次分析法的基本步骤如下：

(1)建立层次结构模型。按照指标所反映内容的不同，将有关因素按其属性自上而下分解成若干个层次。同一层次的各因素从属于上一层因素，或对上层因素有影响，同时又支配下一层的因素或受下一层因素的影响。在测度指标体系中，最上层因素为目标层，最下层为方案层或决策层，中间为准则层或指标层。

(2)构造成对比较矩阵。以层次结构模型的第二层开始，对于从属于上一层每个因素的同一层各个因素，用成对比较法和1~9比较尺度构造成对比较矩阵，直至最下层，见表5-2和表5-3。

(3)计算权向量并作一致性检验。

第一，对每一个成对比较矩阵计算最大特征根 λ_{max} 及对应的特征向量 $\bar{w} = (\bar{w}_1, \bar{w}_2, \cdots, \bar{w}_n)^T$；

表 5-2 相对重要程度取值表

相对重要程度取值	含 义
1	具有同样的重要性
3	两个目标相比，前者比后者稍重要
5	两个目标相比，前者比后者明显重要
7	两个目标相比，前者比后者强烈重要
9	两个目标相比，前者比后者极端重要
2、4、6、8	上述判断的相邻值

表 5-3 判断矩阵表

指标	c_1	c_2	…	c_n
c_1	b_{11}	b_{12}	…	b_{1n}
c_2	b_{21}	b_{22}	…	b_{2n}
…	…	…	…	…
c_n	b_{n1}	b_{n2}	…	b_{nn}

注：其中各元素 b_{ij} 表示横行指标 c_i 对各列指标 c_j 的相对重要程度的两两比较值。

第二，利用一致性指标 $C \cdot I$，随机一致性指标 RI 和一致性比率作一致性检验（$CR = \frac{C \cdot I}{R \cdot I}$）；

第三，若通过检验（即 $C \cdot R < 0.1$，或 $C \cdot I < 0.1$），则将上层出权向量 $\bar{w} = (\bar{w}_1, \bar{w}_2, \cdots, \bar{w}_n)^T$ 做归一化处理之后作为 B_j 到 A_j 的权向量（即单排序权向量）；

$$w_i = \overline{w_i} / \sum_{i=1}^{n} \bar{w}_i \quad (i = 1, 2, \cdots, n)$$

第四，若 $C \cdot R < 0.1$ 不成立，则需要重新构造成对比较矩阵。

（4）计算组合权向量并作组合一致性检验，即层次总排序。

第一，利用单层权向量的权值 $\vec{w}_j = \begin{bmatrix} w_1 \\ \vdots \\ w_n \end{bmatrix}$ （$j = 1, 2, \cdots, n$）构造组合权向量表，并计算出特征根及组合特征向量，进行一致性检验。

表 5-4 一致性检验表

一致性检验 CI	$CI_j = \frac{\lambda_{\max}^{(j)} - n}{n-1}$	$CI < 0.1$?
一致性随机检验 RI	RI_j对照表	$CR < 0.1$?
一致性比率 CR	$CR = \frac{CI}{RI} = \frac{\sum_{j}^{m} a_j CI_j}{\sum_{j=1}^{m} a_j RI_{2j}}$	

第二，若通过一致性检验，则可按照组合权向量 $\bar{w} = (\bar{w}_1, \bar{w}_2, \cdots, \bar{w}_n)^T$ 的表示结果进行决策[$\bar{w} = (\bar{w}_1, \bar{w}_2, \cdots, \bar{w}_n)^T$ 中 w_i 最大者为最优]，即 $w^* = \max\{w: |w_i \in (w_1 \cdots w_n)^T\}$。

第三，若未能通过检验，则需要重新考虑模型或重新构造一致性比率，CR 较大的成对比较矩阵。

5.3.1 森林生态效益调整系数的确定

(1)构建森林生态效益调整系数指标体系。森林生态效益调整系数指标体系分三层，具体指标体系关系结构如图 5-3 所示。

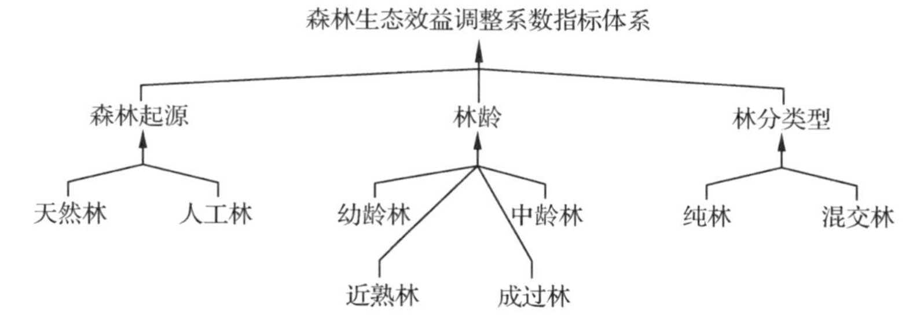

图 5-3 森林生态效益调整系数指标体系结构图

(2)计算单一准则下元素的相对重要性。

首先，构建第二层相对第一层的判断矩阵。相对于第一层目标而言，第二层内森林起源、林龄和林分类型之间的相对重要性比较赋权结果构成的判断矩阵如下：

$$R_{A_1B} = \begin{matrix} & B_1 & B_2 & B_3 \\ B_1 & r_{11} & r_{12} & r_{13} \\ B_2 & r_{21} & r_{22} & r_{23} \\ B_3 & r_{31} & r_{32} & r_{33} \end{matrix} = \begin{bmatrix} 1 & 3 & 2 \\ 1/3 & 1 & 1/2 \\ 1/2 & 2 & 1 \end{bmatrix}$$

通过计算得出判断矩阵特征向量和特征值分别为：

表 5-5 $W_{B_i}^1$计算详表

A_1	B_1	B_2	B_3	M_{C_i}	$\overline{W_{C_i}}$	W_{Ci}
B_1	1	3	2	6	1. 8171	0. 5396
B_2	1/3	1	1/2	0. 1667	0. 5503	0. 1634
B_3	1/2	2	1	1	1	0. 2970
Σ			—	—	3. 3674	1. 0000

根据排序结果可知，相对于森林生态效益调整系数目标而言，其内部各要素按其重要性大小依次为：森林起源要素(B_1)、林分类型要素(B_3)和林龄要素(B_2)。

计算 $A_1 - B$ 判断矩阵的一致性。阶数 $n = 3$，故取值 $R \cdot I = 0.58$。因此，

$$\lambda = \frac{1}{n}\sum_{i=1}^{n}\frac{(B \cdot W_B)_i}{(W_B)_i}$$

可求：

$$\lambda = \frac{1}{3}\sum_{i=1}^{3}\frac{\left(\begin{bmatrix} 1 & 3 & 2 \\ 1/3 & 1 & 1/2 \\ 1/2 & 2 & 1 \end{bmatrix}\begin{bmatrix} 0.5396 \\ 0.1634 \\ 0.2970 \end{bmatrix}\right)}{\begin{bmatrix} 0.5396 \\ 0.1634 \\ 0.2970 \end{bmatrix}} = \frac{1}{3}\sum_{i=1}^{3}\frac{\begin{bmatrix} 1.6238 \\ 0.4918 \\ 0.8936 \end{bmatrix}}{\begin{bmatrix} 0.5396 \\ 0.1634 \\ 0.2970 \end{bmatrix}}$$

$$= \frac{1}{3}\sum_{i=1}^{3}\begin{bmatrix} 3.0093 \\ 3.0098 \\ 3.0088 \end{bmatrix} = \frac{1}{3} \times 9.0279 = 3.0093$$

则有：$C \cdot I = \frac{\lambda_{max} - 3}{3 - 1} = \frac{3.0093 - 3}{3 - 1} = \frac{0.0093}{2} = 0.0046$

则可求：$C \cdot R = \frac{C \cdot I}{R \cdot I} = \frac{0.0046}{0.58} = 0.0080 < 0.1$

由于 $C \cdot R < 0.1$，符合一致性检验要求，说明权重比较合理。

其次，构建第三层元素相对于第二层元素判断矩阵。在森林起源子系统中，相对重要性比较赋权结果如下：

$$R_{B_1C} = \begin{matrix} & \begin{matrix} C_1 & C_2 \end{matrix} \\ \begin{matrix} C_1 \\ C_2 \end{matrix} & \begin{bmatrix} r_{11} & r_{12} \\ r_{21} & r_{22} \end{bmatrix} \end{matrix} = \begin{bmatrix} 1 & 3 \\ 1/3 & 1 \end{bmatrix}$$

通过计算得出判断矩阵特征向量和特征值分别为：

表 5-6　$W_{C_i}^1$ 计算详表

B_1	C_1	C_2	M_{C_i}	$\overline{W_{C_i}}$	W_{C_i}
C_1	1	3	3	1.7321	0.7500
C_2	1/3	1	0.3333	0.5773	0.2500
Σ		—	—	2.3093	1.0000

$$\lambda = \frac{1}{2}\sum_{i=1}^{2}\frac{\left(\begin{bmatrix} 1 & 3 \\ 1/3 & 1 \end{bmatrix}\begin{bmatrix} 0.7500 \\ 0.2500 \end{bmatrix}\right)}{\begin{bmatrix} 0.7500 \\ 0.2500 \end{bmatrix}} = \frac{1}{2}\sum_{i=1}^{2}\frac{\begin{bmatrix} 1.5000 \\ 0.5000 \end{bmatrix}}{\begin{bmatrix} 0.7500 \\ 0.2500 \end{bmatrix}}$$

$$= \frac{1}{2}\sum_{i=1}^{2}\begin{bmatrix} 2 \\ 2 \end{bmatrix} = \frac{1}{2} \times 4 = 2$$

则有：$C \cdot I = \frac{\lambda_{max} - 2}{2 - 1} = \frac{2 - 2}{2 - 1} = \frac{0}{1} = 0$

则可求：$C \cdot R = \frac{C \cdot I}{R \cdot I} = 0 < 0.1$

由于 $C \cdot I = 0$，$C \cdot R = 0 < 0.1$，符合一致性检验要求，说明权重比较合理。

林龄子系统中，相对重要性比较赋权结果构成的判断矩阵如下：

$$R_{B_1C} = \begin{matrix} & C_3 & C_4 & C_5 & C_6 \\ C_3 \\ C_4 \\ C_5 \\ C_6 \end{matrix} \begin{bmatrix} r_{33} & r_{34} & r_{35} & r_{36} \\ r_{43} & r_{44} & r_{45} & r_{46} \\ r_{53} & r_{54} & r_{55} & r_{56} \\ r_{63} & r_{64} & r_{65} & r_{66} \end{bmatrix} = \begin{bmatrix} 1 & 1/2 & 1/3 & 1/4 \\ 2 & 1 & 1/2 & 1/3 \\ 3 & 2 & 1 & 1/2 \\ 4 & 3 & 2 & 1 \end{bmatrix}$$

通过计算得出判断矩阵特征向量和特征值分别为：

表 5-7　$W_{C_i}^1$ 计算详表

B	C_3	C_4	C_5	C_6	M_{C_i}	$\overline{W_{C_i}}$	W_{C_i}
C_3	1	1/2	1/3	1/4	0.0417	0.4519	0.0953
C_4	2	1	1/2	1/3	0.3333	0.7598	0.1603
C_5	3	2	1	1/2	3	1.3161	0.2776
C_6	4	3	2	1	24	2.2133	0.4668
Σ			—		—	4.0266	1.0000

$$\lambda = \frac{1}{4}\sum_{i=1}^{4}\frac{\left(\begin{bmatrix} 1 & 1/2 & 1/3 & 1/4 \\ 2 & 1 & 1/2 & 1/3 \\ 3 & 2 & 1 & 1/2 \\ 4 & 3 & 2 & 1 \end{bmatrix}\begin{bmatrix} 0.0953 \\ 0.1603 \\ 0.2776 \\ 0.4668 \end{bmatrix}\right)}{\begin{bmatrix} 0.0953 \\ 0.1603 \\ 0.2776 \\ 0.4668 \end{bmatrix}} = \frac{1}{4}\sum_{i=1}^{4}\frac{\begin{bmatrix} 0.3847 \\ 0.6453 \\ 1.1175 \\ 1.8841 \end{bmatrix}}{\begin{bmatrix} 0.0953 \\ 0.1603 \\ 0.2776 \\ 0.4668 \end{bmatrix}}$$

$$= \frac{1}{4}\sum_{i=1}^{4}\begin{bmatrix} 4.0367 \\ 4.0256 \\ 4.0256 \\ 4.0362 \end{bmatrix} = \frac{1}{4} \times 16.1241 = 4.0310$$

则有：$C \cdot I = \frac{\lambda_{\max} - 4}{4 - 1} = \frac{4.0310 - 4}{4 - 1} = \frac{0.0310}{3} = 0.01034$

则可求：$C \cdot R = \frac{C \cdot I}{R \cdot I} = \frac{0.01034}{0.90} = 0.0115 < 0.1$

由于 $C\cdot I=0.01034$，$C\cdot R=0.0115<0.1$，符合一致性检验要求，说明权重比较合理。

同理，在林分子系统中相对重要性比较赋权结果如下：

$$R_{B_1C}=\begin{matrix} & C_7 & C_8 \\ C_7 & r_{77} & r_{78} \\ C_8 & r_{87} & r_{88}\end{matrix}=\begin{bmatrix}1 & 3\\ 1/3 & 1\end{bmatrix}$$

通过计算得出判断矩阵特征向量和特征值分别为：

表 5-8　$W_{C_i}^1$ 计算详表

B_1	C_7	C_8	M_{C_i}	$\overline{W_{C_i}}$	W_{C_i}
C_7	1	3	3	1.7321	0.7500
C_8	1/3	1	0.3333	0.5773	0.2500
Σ		—	—	2.3093	1.0000

$$\lambda=\frac{1}{2}\sum_{i=1}^{2}\frac{\left(\begin{bmatrix}1 & 3\\ 1/3 & 1\end{bmatrix}\begin{bmatrix}0.7500\\ 0.2500\end{bmatrix}\right)}{\begin{bmatrix}0.7500\\ 0.2500\end{bmatrix}}=\frac{1}{2}\sum_{i=1}^{2}\frac{\begin{bmatrix}1.5000\\ 0.5000\end{bmatrix}}{\begin{bmatrix}0.7500\\ 0.2500\end{bmatrix}}$$

$$=\frac{1}{2}\sum_{i=1}^{2}\begin{bmatrix}2\\ 2\end{bmatrix}=\frac{1}{2}\times 4=2$$

则有：$C\cdot I=\frac{\lambda_{\max}-2}{2-1}=\frac{2-2}{2-1}=\frac{0}{1}=0$

则可求：$C\cdot R=\frac{C\cdot I}{R\cdot I}=0<0.1$

由于 $C\cdot I=0$，$C\cdot R=0<0.1$，符合一致性检验要求，说明权重比较合理。

最终，计算各元素的总权重。在层次单排序基础上，对各组权重进行逐级向上汇总计算上层元素的综合影响权重，即为层次总排序，计算公式为：

$$W_i=\sum W_C\cdot W_B,i=1,2,\cdots,n$$

对指标层 C 进行总排序，具体排序结果见表 5-9。

表 5-9 层次总排序计算详表

	B_1	B_2	B_3	层次总排序
	$W_{B_1}=0.5396$	$W_{B_2}=0.1634$	$W_{B_3}=0.2970$	
C_1	$W_{C_1}^1=0.7500$	0	0	0.4047
C_2	$W_{C_2}^1=0.2500$	0	0	0.1349
C_3	0	$W_{C_3}^1=0.0953$	0	0.0156
C_4	0	$W_{C_4}^1=0.1603$	0	0.0262
C_5	0	$W_{C_5}^2=0.2776$	0	0.0453
C_6	0	$W_{C_6}^2=0.4668$	0	0.0763
C_7	0	0	$W_{C_7}^2=0.7500$	0.2227
C_8	0	0	$W_{C_8}^1=0.2500$	0.0743
$\sum$	1.0000	1.0000	1.0000	1.0000

5.3.2 生态区位调整系数的确定

根据森林资源二类调查数据结果可知，小兴安岭林区森林资源截至 2011 年尚未按《国家级公益林区划界定办法》进行国家级公益林的确权划界工作，仍采用原重点公益林、一般公益林及商品林的划分方法。重点公益林、一般公益林及商品林所对应的经营区分别为其他禁伐区、限伐林区以及商品林区，其生态区位调整系数指标体系如图 5-4 所示。

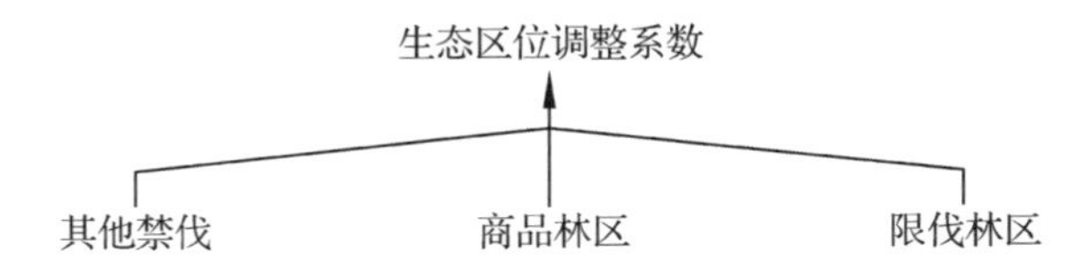

图 5-4 生态区位调整系数指标体系结构图

经咨询有关专家后，按照上文所列示的计算过程，我们可以获得生态区位因素的对应权重，其权重分布见表 5-10。

表 5-10　生态区位权重分布表

经营区	其他禁伐	限伐林区	商品林区	W_i
其他禁伐	1.0000	1.8221	3.3201	0.5405
限伐林区	0.5488	1.0000	1.8221	0.2967
商品林区	0.3012	0.5488	1.0000	0.1628

判断矩阵一致性比例：0.0000；对总目标的权重：1.0000

5.4　生态补偿标准的测算

本章以大兴安岭林区和小兴安岭林区(含伊春林管局和森工总局所属 8 个林业局)为例，由于两区域不同的森林资源情况，营林、管护以及机会成本等方面的差异，分别测算两区域在生态功能区建设初始阶段的补偿标准。

5.4.1　小兴安岭林区森林生态系统的补偿标准

(1)小兴安岭林区森林资源情况。大小兴安岭生态功能区范围内的小兴安岭林区部分主要包括伊春林管局所属的 16 个林业局以及黑龙江省森工总局所属的 8 个林业局。小兴安岭林区不同经营区森林面积如表 5-11、图 5-5、图 5-6，蓄积情况如图 5-7、图 5-8 所示。

表 5-11　小兴安岭林区 2011 年各经营区森林面积统计表

经营区	起源	林分类型	各龄组面积									
			合计		幼龄林		中龄林		近熟林		成过林	
			面积	%	面积	%	面积	%	面积	%	面积	%
其他禁伐	天然	纯林	35.54	23.61	13.52	38.04	16.94	47.66	3.31	9.31	1.77	4.98
		混交林	114.96	76.39	18.55	16.14	74.58	64.87	17.02	14.81	4.81	4.18
		小计	150.5	100.00	32.07	21.31	91.52	60.81	20.33	13.51	6.58	4.37
	人工	纯林	12.11	64.07	8.33	68.79	2.79	23.04	0.72	5.95	0.27	2.23
		混交林	6.79	35.93	4.05	59.65	2.39	35.20	0.26	3.83	0.09	1.33
		小计	18.9	100.00	12.38	65.50	5.18	27.41	0.98	5.19	0.36	1.90
		合计	169.4		44.45	26.24	96.7	57.08	21.31	12.58	6.94	4.10

（续）

经营区	起源	林分类型	各龄组面积									
			合计		幼龄林		中龄林		近熟林		成过林	
			面积	%	面积	%	面积	%	面积	%	面积	%
限伐林区	天然	纯林	28.28	16.89	9.56	33.80	15.15	53.57	3	10.61	0.57	2.02
		混交林	139.11	83.11	21.81	15.68	93.85	67.46	19.39	13.94	4.06	2.92
		小计	167.39	100	31.37	18.74	109	65.12	22.39	13.38	4.63	2.77
	人工	纯林	11.35	66.41	7.43	65.46	2.97	26.17	0.73	6.43	0.22	1.94
		混交林	5.74	33.59	3.39	59.06	2.01	35.02	0.28	4.88	0.06	1.05
		小计	17.09	100.00	10.82	63.31	4.98	29.14	1.01	5.91	0.28	1.64
		合计	184.48		42.19	22.87	113.98	61.78	23.41	2.68	4.91	2.66
商品林区	天然	纯林	17.12	16.27	5.77	33.70	9.28	54.21	1.73	10.11	0.34	1.99
		混交林	88.12	83.73	14.44	16.39	60.34	68.47	11.67	13.24	1.67	1.90
		小计	105.24	100	20.21	19.20	69.62	66.15	13.4	12.73	2.01	1.91
	人工	纯林	6.2	167.35	4.38	70.53	1.32	21.26	0.38	6.12	0.13	2.09
		混交林	3.01	32.65	1.71	56.81	1.08	35.88	0.18	5.98	0.04	1.33
		小计	9.22	100	6.09	66.05	2.4	26.03	0.56	6.07	0.17	1.84
		合计	114.46		26.3	22.98	72.02	62.92	13.96	12.20	2.18	1.90

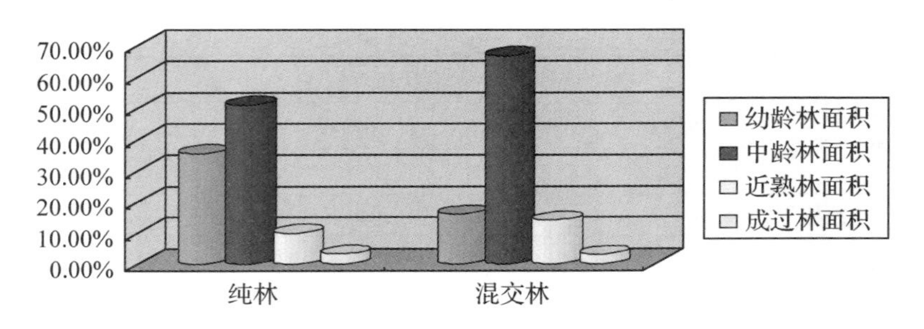

图 5-5　2011 年小兴安岭林区天然林资源林龄面积百分比图

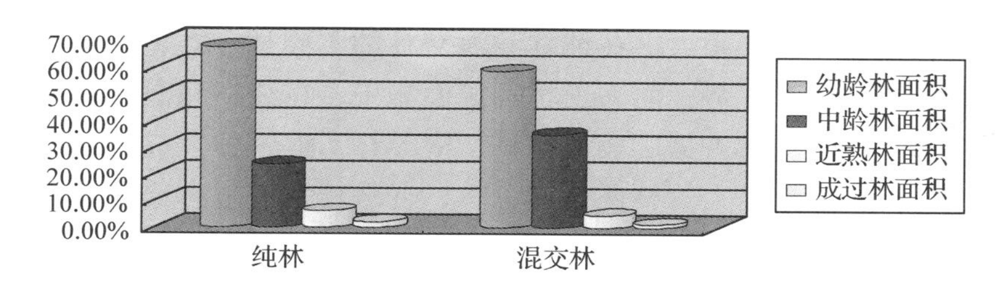

图 5-6 2011 年小兴安岭林区人工林资源林龄面积百分比图

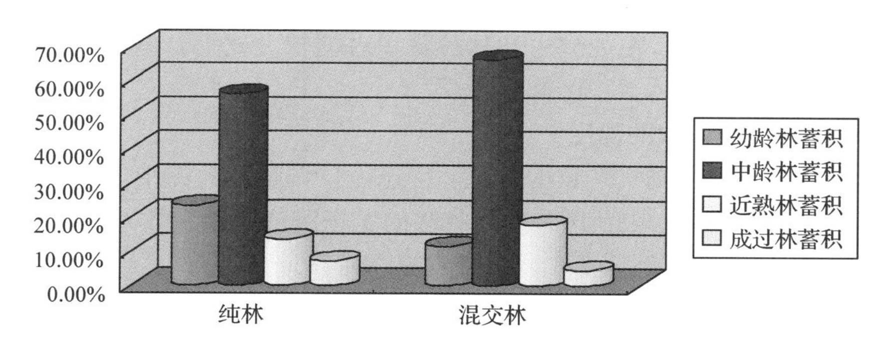

图 5-7 2011 年小兴安岭林区天然林资源林龄蓄积百分比图

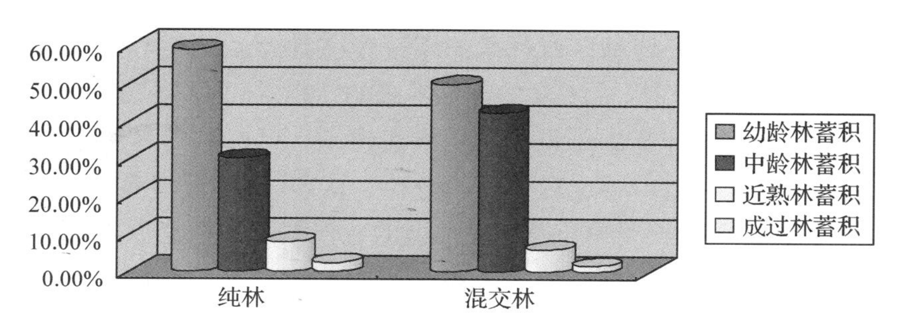

图 5-8 2011 年小兴安岭林区人工林资源林龄蓄积百分比图

从图5-5和图5-6可以看出，小兴安岭林区天然林资源面积在不同林龄的分布差异很大，在纯林和混交林的不同林分类型中，中龄林的面积占绝对优势；而人工林资源面积中，在纯林和混交林的不同类型中，幼龄林占据了较大比重，中龄林、近熟林及成过林比重依次降低。无论是天然林还是人工林，近熟林及成过林比重明显偏低，影响了生态效益的发挥。

从图5-7和图5-8可以看出，小兴安岭林区天然林资源蓄积分布图和森林面积分布图差异不大，无论纯林还是混交林，都是中龄林占据了绝对优势。而人工林资源的蓄积分布图与森林面积分布图相比，有较大差异。在纯林中幼林龄蓄积占据较大比重，但在混交林中幼林龄与近熟林蓄积比重差异不大。

（2）调整系数的确定。

①生态区位调整系数的确定。生态区位调整系数的结果见表5-10，可知禁伐区、限伐区和商品林区的生态区位调整系数K_D分别为0.5405、0.2967及0.1628。

②森林生态效益调整系数的确定。森林生态效益调整系数的确定参见表5-9，并考虑森林面积因素，主要是考虑森林面积所占比重来确定。由于森林蓄积与森林面积的数据相关性比较大，而森林蓄积与林龄的相关性也比较大，故最终选定指标体系时，未选用森林蓄积指标。小兴安岭林区森林生态系统生态效益调整系数计算过程如表5-12所示。根据林区森林生态系统的特性，可分为16种类型。根据层次分析法计算的结果，采用乘法法则，可以获得各种森林类型的正常调整系数。经过对类型的分析，认定“人、幼、纯”这一类型应确定为16种类型中补偿标准最低的。根据成本补偿原则，假设其补偿系数为1，将其他15个类型林区的补偿系数与其比较，采用倍数关系，可获得换算后系数。按各种类型对应的森林面积所占比重，将森林面积比重与对应的换算后系数相乘，可获得调整系数。采用加权平均方法，可分别获得小兴安岭林区三个区位的森林生态效益调整系数。

表 5-12 小兴安岭林区调整系数计算表

区位	类型	正常系数	换算后系数	森林面积(%)	K_F	$K_D \cdot K_F$
禁伐区	人、幼、纯	0.0007	1.0000	4.92	0.0492	0.0266
	人、中、纯	0.0009	1.2219	1.65	0.0201	0.0109
	人、近、纯	0.0011	1.4899	0.43	0.0063	0.0034
	人、过、纯	0.0013	1.8213	0.16	0.0029	0.0016
	人、幼、混	0.0011	1.4917	2.39	0.0357	0.0193
	人、中、混	0.0013	1.8228	1.41	0.0257	0.0139
	人、近、混	0.0016	2.2226	0.15	0.0034	0.0018
	人、过、混	0.0020	2.7169	0.05	0.0014	0.0008
	天、幼、纯	0.0013	1.8221	7.98	0.1454	0.0786
	天、中、纯	0.0016	2.2264	10.00	0.2226	0.1203
	天、近、纯	0.0020	2.7147	1.95	0.0530	0.0286
	天、过、纯	0.0024	3.3186	1.04	0.0347	0.0188
	天、幼、混	0.0020	2.7180	10.95	0.2976	0.1609
	天、中、混	0.0024	3.3212	44.03	1.4622	0.7903
	天、近、混	0.0030	4.0496	10.05	0.4069	0.2199
	天、过、混	0.0036	4.9504	2.84	0.1406	0.0760
小计				100		1.5717
限伐区	人、幼、纯	0.0007	1.0000	4.03	0.0403	0.0120
	人、中、纯	0.0009	1.2219	1.61	0.0197	0.0058
	人、近、纯	0.0011	1.4899	0.40	0.0059	0.0018
	人、过、纯	0.0013	1.8213	0.12	0.0022	0.0007
	人、幼、混	0.0011	1.4917	1.84	0.0274	0.0080
	人、中、混	0.0013	1.8228	1.09	0.0199	0.0059
	人、近、混	0.0016	2.2226	0.15	0.0034	0.0010
	人、过、混	0.0020	2.7169	0.03	0.0009	0.0003
	天、幼、纯	0.0013	1.8221	5.18	0.0944	0.0280
	天、中、纯	0.0016	2.2264	8.21	0.1828	0.0542
	天、近、纯	0.0020	2.7147	1.63	0.0441	0.0131
	天、过、纯	0.0024	3.3186	0.31	0.0103	0.0031
	天、幼、混	0.0020	2.7180	11.82	0.3213	0.0953
	天、中、混	0.0024	3.3212	50.87	1.6896	0.5013
	天、近、混	0.0030	4.0496	10.51	0.4256	0.1263
	天、过、混	0.0036	4.9504	2.20	0.1089	0.0323
小计				100		0.8891

（续）

区位	类型	正常系数	换算后系数	森林面积(%)	K_F	$K_D \cdot K_F$
商品林区	人、幼、纯	0.0007	1.0000	3.83	0.0383	0.0062
	人、中、纯	0.0009	1.2219	1.15	0.0141	0.0024
	人、近、纯	0.0011	1.4899	0.33	0.0049	0.0008
	人、过、纯	0.0013	1.8213	0.11	0.0021	0.0003
	人、幼、混	0.0011	1.4917	1.49	0.0223	0.0036
	人、中、混	0.0013	1.8228	0.94	0.0172	0.0028
	人、近、混	0.0016	2.2226	0.16	0.0035	0.0006
	人、过、混	0.0020	2.7169	0.03	0.0009	0.0001
	天、幼、纯	0.0013	1.8221	5.04	0.0919	0.0150
	天、中、纯	0.0016	2.2264	8.11	0.1805	0.0294
	天、近、纯	0.0020	2.7147	1.51	0.0410	0.0067
	天、过、纯	0.0024	3.3186	0.30	0.0099	0.0016
	天、幼、混	0.0020	2.7180	12.62	0.3429	0.0558
	天、中、混	0.0024	3.3212	52.72	1.7508	0.2850
	天、近、混	0.0030	4.0496	10.20	0.4129	0.0672
	天、过、混	0.0036	4.9504	1.46	0.0722	0.0118
小计				100		0.4893
合计						2.9501

③经济发展水平修正系数。本书以 2011 年生态补偿标准为基数，将 2011 年作为基期，在确定以后年度补偿标准时，用计算期经济发展水平系数除基期经济发展水平系数的商，作为经济发展水平修正系数，因此 2011 年经济发展水平修正系数 K_L 为 1。

(3)营林与管护成本的确定。

①管护成本。目前黑龙江省国有林区森林管护主要采用两种模式，一种是专业队管护模式。主要是对远山区且大面积的公益林区实施专业管护，管护专业队根据管护面积设定人员，主要职能是资源林政管理、森林防火、病虫害防治、野生动植物保护等。另一种是承包管护模式。对浅山区、农林交错管护难度大的商品林区，采取职工或家庭承包模式。2011 年小兴安岭林区管护支出合计为

34338.6 万元，主要为管护人员的工资支出。

②营林成本及费用。2011 年小兴安岭林区共发生营林成本及费用 18035 万元，其中营林成本 7421.3 万元，主要是更新改造支出和森林抚育支出；营林费用共计 10613.7 万元，主要是森林病虫害防治、森林防火等费用。

（4）机会成本的确定。

①实行生态功能区保护后减少的木材产量。实行生态功能区保护后，小兴安岭林区 2011 年木材产量调整为 622593 立方米，其中伊春林管局 353247 立方米，黑龙江森工 8 个林业局 269346 立方米。而小兴安岭林区 2010 年木材产量为 2299601 立方米，其中伊春林管局 1282716 立方米，黑龙江森工 8 个林业局 1061885 立方米，共减少木材产量 1677008 立方米。

②2009～2011 年小兴安岭林区三年累计销售木材 544.21 万立方米，累计销售木材的收入为 45.82 亿元，木材平均售价为 842.05 元/立方米。扣除相关的成本费用，平均木材营业利润率为 53.26%。

③因生态功能区保护增加的机会成本测算

增加的机会成本 = 1677008 × 842.05 × 53.26% = 75209.76 万元

（5）生态补偿测算结果。因为大小兴安岭生态功能区建设处于初始阶段，考虑到国家财力状况等因素，可采用较低标准。小兴安岭林区所发生的营林、管护及机会成本合计金额为 127583.36 万元，故最低补偿标准应按成本来补偿，即 127583.36 万元，按禁伐区、限伐区及商品林区面积合计 468.34 万公顷测算，每公顷应补偿 272.42 元。

若采用较高标准，则要考虑生态区位及森林自然属性等因素，适当考虑其所发挥的生态效益，按本章确定的森林生态系统补偿标准计算模型测算后，小兴安岭林区森林生态系统应补偿 376383.67 万元，按禁伐区、限伐区及商品林区面积合计 468.34 万公顷测算，每公顷应补偿 803.65 元。

5.4.2 大兴安岭林区森林生态系统的补偿标准

(1)大兴安岭林区森林资源情况。大兴安岭林区的主体部分是大兴安岭林业集团公司，故下面以大兴安岭林业集团公司为例来分析。2011 年大兴安岭林区不同经营区森林面积如表 5-13、图 5-9、图 5-10 所示，森林蓄积分布如图 5-11、图 5-12 所示。

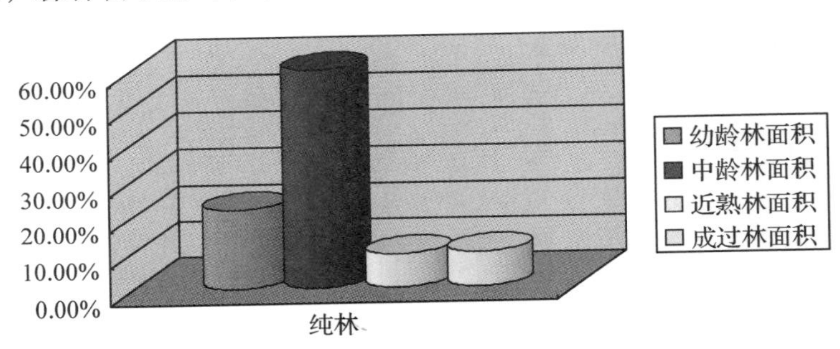

图 5-9 2011 年大兴安岭林区天然林资源林龄面积百分比图

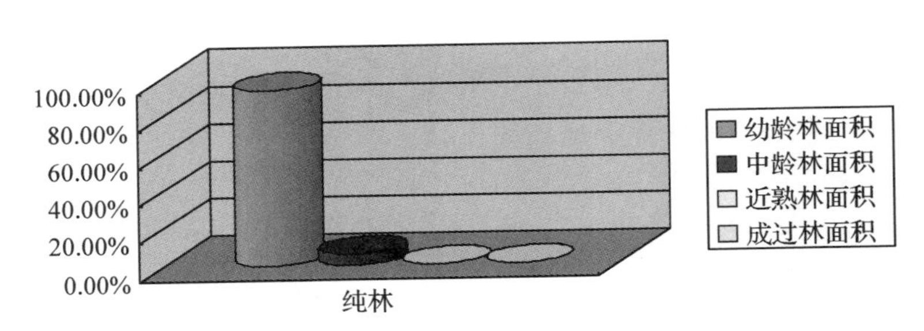

图 5-10 2011 年大兴安岭林区人工林资源林龄面积百分比图

从图 5-9 和图 5-10 可以看出，大兴安岭林区天然林资源面积在不同林龄的分布差异很大，中龄林面积所占比重较大，约占 60%，其次是幼龄林，而近熟林及成过林比重较低，均占约 10%。在人工林资源面积中，幼龄林占据了绝对优势，占 94%，中龄林接近 6%，而近熟林及成过林合计比重尚不足 1%。从面积分布上看，天然林和人工林的近熟林、成过林比重太低，严重影响了生态效益的发挥。大兴安岭林区的林分类型与小兴安岭相比有较大差别，没有混交林。

表 5-13 大兴安岭林区 2011 年各经营区森林面积统计表

单位：万公顷

经营区	起源	林分类型	各龄组面积									
			合计		幼龄林		中龄林		近熟林		成过林	
			面积	%	面积	%	面积	%	面积	%	面积	%
国家级公益林	天然	纯林	153.81	94.42	35.18	22.87	76.85	49.96	16.28	10.58	25.51	16.58
	人工	纯林	9.09	5.58	8.35	91.88	0.73	8.05	0.01	0.07		0.00
	合计		162.90	100	43.53	26.72	77.58	47.62	16.29	10.00	25.51	15.66
地方公益林	天然	纯林	293.03	95.38	62.32	21.27	185.30	63.24	24.18	8.25	21.23	7.24
	人工	纯林	14.18	4.62	13.31	93.81	0.86	6.09	0.01	0.10		0.00
	合计		307.21	100	75.63	46.43	186.16	114.28	24.19	14.85	21.23	13.03
商品林区	天然	纯林	170.15	93.71	37.32	21.93	106.87	62.81	14.74	8.66	11.22	6.60
	人工	纯林	11.41	6.29	10.95	95.95	0.43	3.73			0.04	0.32
	合计		181.56	100	48.26	29.63	107.3	65.87	14.74	9.05	11.26	6.91

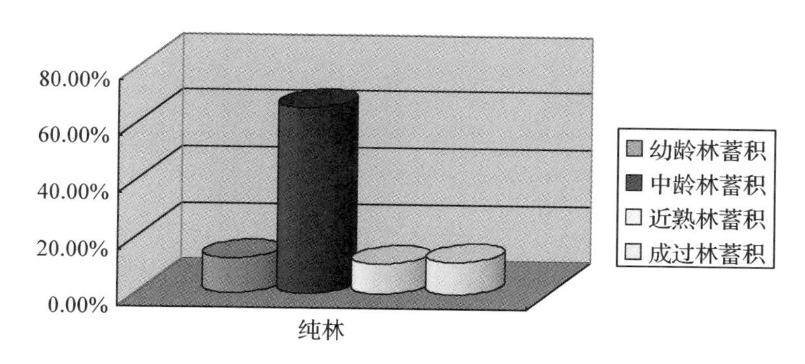

图 5-11 2011 年大兴安岭林区天然林资源林龄蓄积百分比图

从图 5-11 和图 5-12 可以看出，大兴安岭林区无论天然林还是人工林资源，其蓄积分布图和森林面积分布图非常相似，人工林中中龄林蓄积所占比重较天然林略高，人工林中除中龄林外的其他三种林龄所占比重基本相同。但大兴安岭森林资源蓄积分布与小兴安岭林区相比，有较大差别，尤其大兴安岭林区人工林资源蓄积按林龄

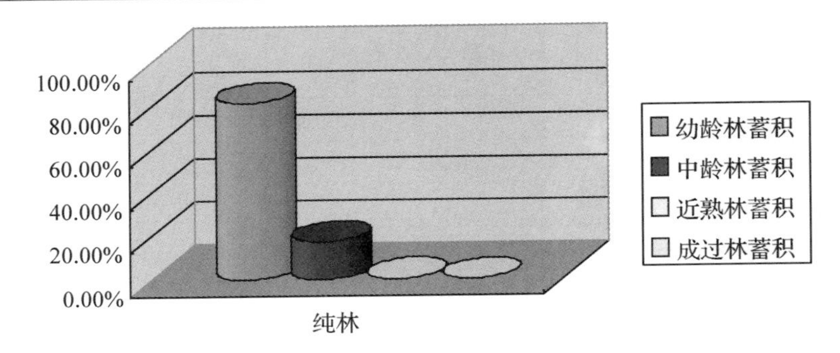

图 5-12 2011 年大兴安岭林区人工林资源林龄蓄积百分比图

分布极不合理，幼龄林蓄积所占比重超过了 80%。

从以上分析可知，不同地区天然林和人工林在不同林分类型的面积和蓄积差异较大，而不同起源、不同林分类型、不同林龄的森林所发挥的生态效益也会有较大差异，进一步印证了要合理确定差异化补偿标准，就要考虑森林的起源、林分类型、林龄等影响因子的作用。

(2) 调整系数的确定。

①生态区位调整系数的确定。大兴安岭林区将原按禁伐区、限伐区和商品林区等经营区分类的形式，按《国家级公益林区划界定办法》做了相应调整，分为国家公益林区、地方公益林区及商品林区。经询问有关专家，认为其重要性程度与原按禁伐区、限伐区和商品林区无明显差别，故大兴安岭林区其生态区位调整系数的结果仍按表 5-10 的生态区位调整系数来确定，可知国家公益林区、地方公益林区和商品林区的生态区位调整系数 K_D 分别为 0.5405、0.2967 及 0.1628。

②森林生态效益调整系数的确定。森林生态效益调整系数的确定方法同小兴安岭林区相同，计算过程见表 5-14。

表 5-14 大兴安岭林区调整系数计算表

区位	类型	正常系数	换算后系数	森林面积(%)	K_F	$K_D \cdot K_F$
国家公益林区	人、幼、纯	0.0007	1	5.13	0.0513	0.0277
	人、中、纯	0.0009	1.2219	0.45	0.0055	0.0030
	人、近、纯	0.0011	1.4899	0	0.0000	0.0000
	人、过、纯	0.0013	1.8213	0	0.0000	0.0000
	天、幼、纯	0.0013	1.8221	21.59	0.3934	0.2126
	天、中、纯	0.0016	2.2264	47.17	1.0502	0.5676
	天、近、纯	0.002	2.7147	9.99	0.2712	0.1466
	天、过、纯	0.0024	3.3186	15.66	0.5197	0.2810
小计				100		1.2385
地方公益林区	人、幼、纯	0.0007	1	4.33	0.0433	0.0128
	人、中、纯	0.0009	1.2219	0.28	0.0034	0.0010
	人、近、纯	0.0011	1.4899	0	0.0000	0.0000
	人、过、纯	0.0013	1.8213	0	0.0000	0.0000
	天、幼、纯	0.0013	1.8221	20.29	0.3697	0.1097
	天、中、纯	0.0016	2.2264	60.32	1.3430	0.3985
	天、近、纯	0.002	2.7147	7.87	0.2136	0.0634
	天、过、纯	0.0024	3.3186	6.91	0.2293	0.0680
小计				100		0.6534
商品林区	人、幼、纯	0.0007	1	6.03	0.0603	0.0098
	人、中、纯	0.0009	1.2219	0.23	0.0028	0.0004
	人、近、纯	0.0011	1.4899	0	0.0000	0.0000
	人、过、纯	0.0013	1.8213	0.02	0.0004	0.0001
	天、幼、纯	0.0013	1.8221	20.55	0.3744	0.0610
	天、中、纯	0.0016	2.2264	58.87	1.3107	0.2134
	天、近、纯	0.002	2.7147	8.12	0.2204	0.0358
	天、过、纯	0.0024	3.3186	6.18	0.2051	0.0334
小计				100		0.3539
合计						2.2458

(3)营林与管护成本的确定。

①管护成本。大兴安岭林区森林管护也包括专业队管护模式和承包管护模式。2011 年大兴安岭林区管护支出合计为 58710 万元,

主要为管护人员的工资支出。

②营林成本及费用。2011 年大兴安岭林区共发生营林成本及费用 6727.7 万元，其中营林成本 3240 万元，营林费用 3487.7 万元。

(4)机会成本的确定。

①实行生态功能区保护后减少的木材产量。实行生态功能区保护后，大兴安岭林区 2011 年木材产量调整为 847926 立方米，而 2010 年木材产量为 2024473 立方米，减少的木材产量为 1176547 立方米。

②2009 ~ 2011 年三年累计销售木材 554.30 万立方米，累计销售木材的收入为 35.98 亿元，木材平均售价为 649.13 元/立方米。扣除相关的成本费用，平均木材营业利润率为 38.05%。

③因生态功能区保护增加的机会成本测算。

增加的机会成本 = 1176547 × 649.13 × 38.05% = 29060 万元

(5)生态补偿测算结果。大兴安岭林区所发生的营林、管护及机会成本合计金额为 94497.7 万元，故最低补偿标准应按成本来补偿，即 94497.7 万元，按国家公益林区、地方公益林区及商品林区面积合计 651.67 万公顷测算，每公顷应补偿 145 元。

若采用较高标准，则要考虑生态区位及森林自然属性等因素，适当考虑其所发挥的生态效益，按本章确定的森林生态系统补偿标准计算模型测算后，大兴安岭林区森林生态系统应补偿 212222.93 万元，按国家公益林区、地方公益林区及商品林区面积合计 651.67 万公顷测算，每公顷应补偿 325.66 元。

5.4.3 大小兴安岭生态功能区建设补偿标准综合测算结果

因测算地区尚无已批复的生态保护建设方面的基础设施建设项目，也未找到可行的建设投资计划，故本书通过以上方法测算的森林生态系统补偿标准未考虑基础设施项目的投入部分。另外机会成本测算中只考虑了因木材产量减少所带来的木材营业利润的减少，未考虑与木材产量相关的林产工业等减利的因素以及其他发展机会成本等。本书以实际发生的营林、管护等成本费用及减少木材产量所造成的直接机会成本为基础，适当考虑生态效益因素及经济发展水平予以调整，此方法所测算的森林生态系统补偿标准为生态功能区建设初始阶段的标准，在整个建设阶段相当于生态补偿的较低标准，比较符合目前的实际情况。大小兴安岭生态功能区内地方林业局所占施业区面积较小，大兴安岭林业集团公司、伊春林管局以及黑龙江森工所属 8 个林业局的森林资源面积及蓄积均占到 80% 以上，通过对大兴安岭林业集团公司和小兴安岭国有林区的实证分析可知，成本总额中管护成本约占 42%，管护成本主要与管护的森林面积相关，而大小兴安岭生态功能区内地方林业局的施业区面积较小，在测算时未加以考虑。机会成本在成本构成中约占 47%，机会成本的发生主要是由于木材减产造成的，大小兴安岭生态功能区建设对于生态功能区范围内的重点国有林区采伐量限制影响较大，而地方林业局的采伐量受到的影响可以忽略不计。综合以上情况，在测算大小兴安岭生态功能区森林生态系统补偿标准时，未考虑大小兴安岭生态功能区的地方林业部分。按上述测算结果，大小兴安岭生态功能区森林生态系统按最低标准应补偿 222081. 06 万元，平均每公顷补偿 198. 29 元；按较高标准应补偿 588606. 6 万元，平均每公顷补偿 525. 49 元。大小兴安岭生态功能区在初始阶段的生态补偿标准可在最低标准和较高标准之间来确定，此标准属于应补偿标准。

5. 5 本章小结

本章首先确定了生态补偿标准应考虑的因素，并从大小兴安岭生态功能区建设的不同阶段、生态区位重要性、生态功能区建设成本因素、森林资源的自然属性及社会经济发展水平五个维度构建了森林生态系统补偿标准计算模型。在此基础上分别对大兴安岭林区及小兴安岭林区森林生态系统进行测算，并按其成本确定了最低补偿标准，按差异化补偿标准计算模型确定了较高补偿标准，并最终测算出在大小兴安岭生态功能区建设的初始阶段最低生态补偿标准应为 22. 21 亿元，平均每公顷补偿 198. 29 元；较高生态补偿标准为 58. 86 亿元，平均每公顷补偿 525. 49 元。

大小兴安岭生态功能区建设财政补偿路径的优化

大小兴安岭生态功能区原本属于经济欠发达地区，因其被确定为以“生态保护”为主体功能的限制开发区，又因其原以“木头经济”为主的产业发展受限，地区收入将减少，按现行财政体制其财政能力将进一步下降。而财政是政府宏观调控的重要经济手段之一，国家财政的职能决定了建立和完善生态补偿机制离不开财政的支持。需要通过国家财政的资源配置职能来弥补生态环境服务的外部性和公共品属性导致的市场资源配置功能失灵，以及通过财政的收入再分配职能来调解生态功能区因生态环境保护丧失发展机会所致的居民收入及所享有的基本公共服务差距进一步加大，以保证社会公平目标，实现可持续发展的要求。由此可见财政转移支付在我国生态补偿中发挥着重要作用，现阶段大小兴安岭生态功能区的生态补偿应以财政补偿为主。但目前我国与生态补偿相关的财政转移支付等政策无法适应生态功能区生态补偿机制建立的需要，这些财政政策的制定都没有从促进区域协调发展角度出发，将生态补偿与实现基本公共服务均等化结合起来考虑，需要优化、整合现有与生态补偿相关的财政转移支付政策，设计出与大小兴安岭生态功能区建设相适应的财政补偿路径。

6.1 大小兴安岭生态功能区建设财政资金到位情况

本研究范畴的大小兴安岭生态功能区范围内纳入生态功能区建设和转型规划的黑龙江省林区，其主管部门主要有大兴安岭林业集团公司、伊春林管局、黑龙江省森工总局以及地方林业厅。对于原执行天保一期工程的重点国有林区，如大兴安岭林业集团公司、伊春林管局、黑龙江省森工总局，从2011年开始至2020年，执行天保二期工程，期限为10年，天保二期工程是国家大小兴安岭林区生态保护及经济转型规划的重要组成部分。

大兴安岭林业集团公司天保二期工程实施范围，包括林业集团公司所属松岭、新林、塔河、呼中、阿木尔、图强、西林吉、十八站、韩家园9个国有重点森工局和加格达奇1个县级林业局及直属单位。黑龙江省森工国有林区天保二期工程实施范围包括所属的40个林业局，涵盖了大小兴安岭生态功能区范围内的伊春林管局所属的16个林业局和黑龙江森工集团所属的8个林业局。天保二期工程2011年实际到位资金数额为454670.90万元，其中中央财政投入451134.9万元，主要用于森林管护费、政策性社会性支出补助、社会保险补助以及森林抚育补助等；中央基本建设投资3536万元，主要用于森林补植补造及后备资源培育改造。大小兴安岭生态功能区内执行天保二期工程地区具体到位资金，见表6-1。其中政社性支出补助费具体包括教育经费补助、医疗卫生经费补助、公检法司经费补助、社会公益事业经费以及政府经费补助(伊春林管局机关)五项内容。

从天保二期工程到位资金情况来看，属于生态补偿的内容有：以财政转移支付中专项转移支付形式拨付的森林管护费9.41亿元，森林抚育补助8.47亿元，以中央基本建设投资的方式拨付的森林改培资金0.35亿元。而拨付的政社性支出补助费从严格意义上说，并不属于生态补偿的内容，政社性支出补助中公检法司及社会公益事

表 6-1 大小兴安岭生态功能区所属林区天保二期工程到位资金统计表

单位：万元

单位	中央财政投入					中央基本建设投资
	合计	森林管护费	政社性支出补助费	社会保险补助费	森林抚育补助	森林改培
伊春林管局所属林业局	194729	22115	64547	72067	36000	968
黑龙江森工所属 8 个林业局	81380	13472	28568	23740	15600	668
大兴安岭林业集团公司所属林业局	175025.9	58545	49803.6	33569.3	33108	1900
合　计	451134.9	94132	142918.6	129376.3	84708	3536

业经费等大部分是因有些林区承担社会政府职能所给予的相应补助，而教育经费补助、医疗卫生补助等属于现行财政转移支付中专项转移支付的内容，可以视为对因生态功能区建设导致的生态功能区居民享有基本公共服务能力欠缺的一种补偿。

6.2 纵向转移支付制度的优化

6.2.1 纵向转移支付制度存在的问题

国家对大小兴安岭生态功能区的补偿主要采取政府补偿模式，中央通过对生态功能区进行财政转移支付、中央直接投资及支付森林生态效益补偿基金的不同方式进行相应补偿。但由于大小兴安岭生态功能区内所包含区域因产权性质及行政管理体制有较大差异，导致了同一生态功能区内执行不同的生态补偿政策。大小兴安岭生态功能区内有些地区执行“天保二期”政策，非天保工程区会得到森林生态效益补偿基金，执行标准也不完全相同。而黑龙江省所获得的 8 项转型项目资金支持属于中央预算内投资(见表 4-5)，且为一事一议，没有常态性，这样的财政政策会影响生态补偿的效果。

对于天保工程生态建设项目这种以项目形式提出的生态补偿政策设计，存在较大的问题，因为这样的项目有实施的期限，当建设期届满，该生态建设项目能否继续实行是不确定的。一旦天保工程项目期满取消，没有了生态补偿方面的资金，有可能又回到砍伐森林、破坏生态环境的老路，使得生态建设的成果难以维持。而对于生态功能区范围内的哪些转型项目能获得批准，能获得多少资金支持都是未知数，也可能走上"跑部钱进"的老路。这种有明确时限的项目工程形式给生态补偿政策实施的效果带来较大的变数和风险，如果生态功能区每年能获得的补偿资金数额要依赖于生态建设项目的审批结果，将使生态功能区建设无法按预定规划有序进行。从表6-1天保工程二期到位资金情况来看，以专项转移支付形式划拨的森林管护费和森林抚育补助属于生态补偿的内容，但依照上一章的森林生态系统生态补偿标准测算结果来看，明显偏低。而以中央基本建设投资的方式划拨的森林改培资金，没有常态性。森林改造培育也是生态功能区建设的重要任务，对于森林生态服务功能的改善有积极意义。

6.2.2 纵向转移支付制度的路径设计

将生态功能区建设生态补偿资金的数额以预算形式确定下来，既有利于政府统一安排财政资金的使用，也可以保证生态功能区建设补偿资金的及时、足额到位。建议将现有的天保二期工程中生态补偿有关资金如森林管护费、森林抚育补助和森林改造培育资金以及非天保工程区的森林生态效益补偿基金等进行统筹安排，进行相应整合，打破由于土地所有制权属不同等原因所导致的补偿政策方面的差异。对于因进行生态功能区建设与生态保护所发生的直接成本及因生态功能区建设所产生木材减产因素所致的机会成本，这些内容可以说是与生态功能区生态保护与建设直接相关的成本，建议将这些内容纳入财政预算，实行统筹安排，采取中央对地方政府的纵向转移支付中专项转移支付的形式，将这些生态功能区建设生态补偿支出作为一个经常性的支出项目。

而天保二期工程中到位的预算收入中社会保险补助费以及政社性支出补助费中的教育经费补助、医疗卫生经费补助及社会公益事业经费补助，并不是与生态功能区生态保护与建设直接相关的成本，而是因生态功能区建设导致的居民享有基本公共服务水平下降的一种补偿，可以统筹在均衡性转移支付中予以考虑，具体内容如图 6-1 所示。

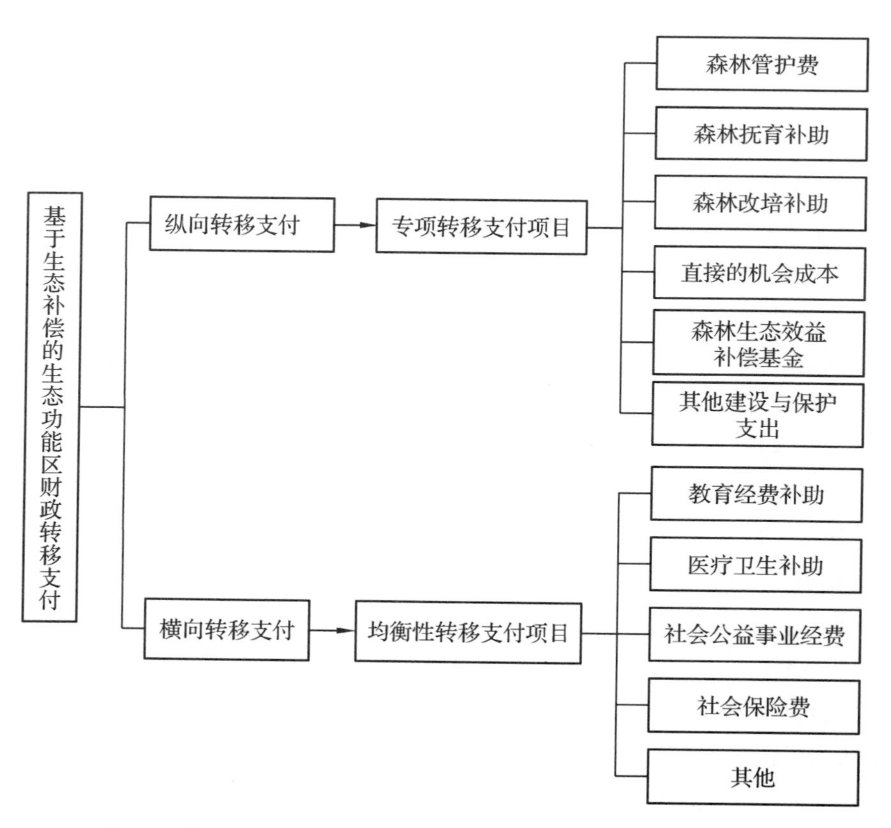

图 6-1　基于生态补偿的生态功能区财政转移支付优化后的结构图

因大小兴安岭生态功能区建设规划具体到以县为单位，因此纵向转移支付资金除大兴安岭林业集团公司外，应由中央划拨至黑龙江省财政厅。由于大兴安岭林业集团公司直属国家林业局，不通过黑龙江省财政厅划拨纵向转移支付资金，具体如图 6-2 所示。

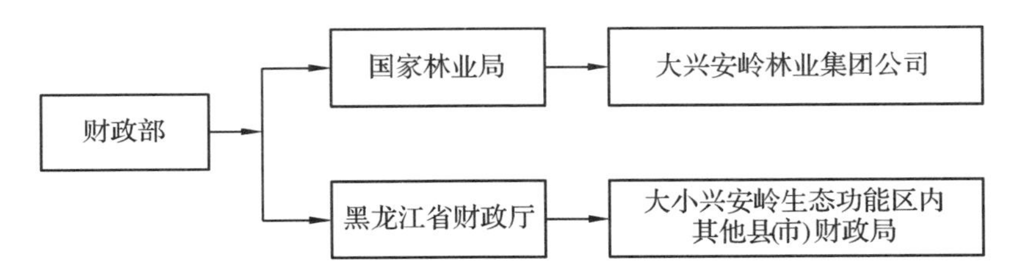

图 6-2　大小兴安岭生态功能区纵向转移支付路径图

纵向转移支付制度只需要在现行财政转移支付框架下，对转移支付项目及额度做出调整，故难度较小，本章重点对横向转移支付制度的优化进行研究。

6.3　横向转移支付制度的优化

对于生态功能区因主体功能区划为生态保护而使经济发展功能受限制所导致的经济损失应得到补偿，由于目前我国的财政能力有限，构建横向转移支付制度是一个可行的方法，通过衡量各地区基本公共服务水平，找出区域间的差异并通过横向转移支付加以矫正，是生态功能区建设生态补偿的有效途径，而横向转移支付是财政转移支付的一个重要组成部分。

6.3.1　现行均衡性转移支付存在的问题

为配合全国主体功能区划的实施，中央财政于 2008 年起在均衡性转移支付项下设立了国家重点生态功能区转移支付，包括天然林保护等重大生态功能区所辖的县也纳入转移支付范围。2009 年财政部制定了中央向地方的重点生态功能区的转移支付试点办法，并于 2011 年 7 月进行了调整，其计算公式为：

某省(区、市)国家重点生态功能区转移支付应补助数 = ∑该省(区、市)纳入转移支付范围的市县政府标准财政收支缺口 × 补助系数 + 纳入转移支付范围的市县政府生态环境保护特殊支出 + 禁止开发区补助 + 省级引导性补助

这种在均衡性转移支付项下设立国家重点生态功能区转移支付的做法，扩大了对重点生态功能区的转移支付力度，对生态功能区建设有着积极的意义。但也存在一些问题，主要表现在公式中要测算的标准本级财政收入是指各省在平均税率的条件下从本省地方税及共享税中取得的税收及非税收入[109]。大小兴安岭生态功能区处于欠发达地区，本身地方税及按比例分得的共享税收入就不多，以此为基础测算应补助额很难能达到弥补地区经济差距，以及满足生态功能区居民获得基本公共服务水平的初衷。另外考虑的是财政供养人口数，而不是生态功能区全体居民，且现行转移支付系数确定和主体功能区规划冲突，另外在转移支付额度的测算过程中也没有考虑生态环境因素。

尽管我国某些地区通过区域合作进行过区域间横向转移支付的尝试，但也仅仅是个案，省际及县际之间的横向转移支付制度并未真正建立起来。横向转移支付制度的缺失，使得地方政府财力不足，牺牲了巨大经济利益并为社会创造生态效益，却未得到相应补偿，使许多地方缺乏环境保护的动力，生态破坏、环境污染难以遏制。我国现行的转移支付制度中均衡性转移支付基本属于横向的均等化财政转移支付，但支付数额较小，以 2010 年中央财政对地方均衡性转移支付为例，仅占整个转移支付总额的 9.49%，未能起到有效缓解各个地区间社会经济发展和财政横向不平衡的状况。而横向转移支付资金的筹集也不能全靠中央，应考虑从地方政府筹集部分资金。目前中央要求一些富裕地区向中央上缴一部分体制款，这些富裕地区主要是预算收入大于支出的地区，如果再要求这些地区支付横向转移支付资金，可能难以接受。而体制上解资金与体制补助资金的额度并未真正体现横向转移支付的意图，因此可以由某些省份支付

横向转移支付资金的办法代替原体制上解，如果横向转移支付资金额确定办法比较合理，会得到这些省份的认可。

6.3.2 横向转移支付制度建立的依据

财政横向均衡是指同样状况的人无论居住在哪里，都应享受到同等的财政待遇，但由于各省份在收入能力、税基、公共产品需求水平及供给成本等方面存在差异，使得出现了由于所在地区不同而居民无法享受到同等财政待遇的情况。这与我国维护社会公平、促进社会和谐的本质要求相违背，因此客观上要求中央政府应通过转移支付进行相应调整。

国务院编制的全国主体功能区规划的意见中明确提出“实现主体功能区定位要调整完善财政政策，以实现基本公共服务均等化为目标，完善中央和省以下财政转移支付制度，重点增加对限制开发和禁止开发区域用于公共服务和生态环境补偿的财政转移支付，逐步使当地居民享有均等化的基本公共服务[110]”。管永昊(2008)提出公共服务均等化是指政府要为各地的居民提供基本的、在不同阶段具有不同标准的、最终大致相等的公共物品和服务，为各地居民的生活和社会经济发展提供基础条件[111]。由于不同地区的经济发展水平差异很大，使得各地方政府财力水平迥异，因而提供基本公共服务的能力也相去甚远，有些贫困地区的基础设施短缺，根本无法达到最低公共服务的标准，因而需要财政转移支付尤其是横向转移支付来加以均衡。

横向转移支付的目的是使各个地区的基本公共服务水平均等化，以解决各地区间的社会经济发展不平衡问题，力争实现社会公平，因此，这种转移支付分配的依据应考虑各地区的基本公共服务提供水平和该地区的社会经济发展水平。对于那些基本公共服务提供水平较高和社会经济发展水平较高的地区，应得的横向转移支付额度就应该比较少，甚至是负数，也就是要作为横向转移支付的支付方，将提供的超出平均基本公共服务水平对应的财力值上解中央作为横向均等化转移支付资金，反之所得到的这种横向转移支付的资金额应当高一些。这就需要对某地区基本公共服务水平作出评价，本书选用因子分析法对基本公共服务水平进行综合评价。

6.3.3 基本公共服务均等化指标的选取原则

基本公共服务均等化指标的选取，应遵循科学性、系统性、可行性和可比性的原则。

(1)科学性原则。基本公共服务均等化指标的选取应立足于国情，尽量选取可以全面、准确衡量基本公共服务内涵的指标。评价指标应能明确反映目标与指标之间的从属关系。指标体系的科学性不是说所选取指标层次越多越好、指标越细越好。相反只要将兼顾基本公共服务的均等化投入与产出指标纳入其中，指标体系简单、合理，可以满足基本公共服务均等化的评价，即是满足了科学性原则。

(2)系统性原则。基本公共服务均等化所选取的指标应能够反映各项基本公共服务的主要特征，各指标体系之间相互独立、相关性小，又相互联系构成一个有机的整体。

(3)可行性原则。所选取的基本公共服务均等化指标应有一定的综合性和代表性，另外还要注意指标的可得性。尽量选取在统计资料上可以准确收集到数据资料的指标，使所选取的指标具有可操作性。

(4)可比性原则。基本公共服务均等化指标应符合可比性的原则，这种可比性体现为横向可比和纵向可比两方面。横向可比是指指标可用于各地区之间基本公共服务均等化能力的比较，以便找出各地区基本公共服务均等化水平的差异，促进区域之间基本公共服务水平的协调；纵向可比是指所选取的指标可用于不同地区、不同时间基本公共服务能力和趋势的比较。

6.3.4 评价指标体系的构建

基本公共服务的内涵及其特征是评价指标体系构建的根本依据，公共服务均等化的水平可以通过比较某一层级提供基本公共服务地区的居民所享受到的基本公共服务来衡量。指标选取既要选择能反映出基本公共服务涵义的代表性指标，也要考虑数据的可得性。本书综合了王国华和温来成(2008)[112]、陈昌盛和蔡跃洲(2007)[113]及安体富和任强(2008)[114]等学者的主要观点，综合以上学者的观点，根据指标出现的频次、数据可得性及相关性，并侧重环境保护及公共基础设施指标，最终把指标体系由上而下分为三个层次即目标层、控制层及指标层。目标层表示基本公共服务均等化水平；控制层包括六类指标，分别为社会保障指标、环境保护指标、基础教育指标、公共卫生指标、公共基础设施指标和公共安全指标；指标层则为14个具体指标，详见表6-2所示。

表6-2 基本公共服务均等化水平评价指标体系

目标层	控制层	指标层
基本公共服务均等化水平评价指标	社会保障指标	X_1：参加城镇企业职工基本养老保险人数占人口数比重(%)
		X_2：参加城镇基本医疗保险参保人数占人口数比重(%)
	环境保护指标	X_3：每万人拥有废水治理设施数(套/万人)
		X_4：自然保护区占辖区面积比(%)
		X_5：每万人拥有废气治理设施数(套/万人)
	基础教育指标	X_6：普通中小学师生比
		X_7：普通中小学生平均教育经费支出(万元/人)
	公共卫生指标	X_8：每万人拥有医疗卫生机构床位数(张/万人)
		X_9：每万人拥有卫生机构人员数(人/万人)
		X_{10}：每万人人均拥有道路面积(万平方米/万人)
	公共基础设施指标	X_{11}：城市用水普及率(%)
		X_{12}：每万人拥有运营的公共交通车辆数(辆/万人)
	公共安全指标	X_{13}：交通事故发生数与人口数之比(起/万人)
		X_{14}：火灾发生数与人口数之比(起/万人)

6.3.5 指标赋权

本书采用因子分析法，通过“降维”技术把多个具有相关性的指标简化为少数几个主要的综合指标，并据此对我国各地区基本公共服务均等化水平予以综合评价。因子分析的优势在于将原始的诸多指标凝结成较少的几个代表性综合指标即因子变量，而且可以做到重要信息丢失量最少。在因子分析基础上，对我国各地区基本公共服务水平进行综合评价，在评价中所用变量是经因子分析后所转换的因子变量，而非原始数据变量。这些因子变量反映的是基本公共服务的不同方面，在计算综合得分及排名时，应确定其权数。本方法确定权数采用的是以因子变量的方差贡献率来确定，可以避免专家打分法等主观权重赋值法的缺陷。因子分析的基本步骤如下：

（1）判断原有变量是否适合做因子分析。因子分析是要从原有的变量当中筛选出有代表性的少量因子变量，是否适用该方法的一个重要前提是原有变量之间应具有较强的相关关系，因此通常要先对原变量做相关分析。

（2）确定因子变量和计算因子载荷矩阵。通过主成分分析构造因子变量。通过坐标变换的方法将原有 q 个相关变量 x_i 作线性变换，此时可得到另外一组不相关的变量 y_i，具体表示为：

$$
\begin{aligned}
y_1 &= u_{11}x_1 + u_{21}x_2 + \cdots + u_{q1}x_q \\
y_2 &= u_{12}x_1 + u_{22}x_2 + \cdots + u_{q2}x_q \\
&\cdots \\
y_q &= u_{1q}x_1 + u_{2q}x_2 + \cdots + u_{qq}x_q
\end{aligned}
$$

该方程组要求：

$$u_{1k}^2 + u_{2k}^2 + \cdots + u_{qk}^2 = 1 \quad (k = 1,2,3\cdots q)$$

式中，y_1，y_2，…，y_q 是原有变量 x_1，x_2，…，x_q 的第 $1\to q$ 个主成分，其中 y_1 在总方差中所占的比例最大，为第一主成分，它综合原有变量的能力最强；其余主成分所占比例依次减少，为了减少变量的个数通常只选取排在前面的几个方差最大的主成分。主成分分析的关键是求出方程组中的系数 u_{ij}，每个方程中的 u_i 刚好是原变量 x_i 相关系数矩阵 R 的特征值所对应的特征向量。求解 R 的特征值和特征向量需完成以下几方面工作：

第一，将原有变量数据作标准化处理。由于所选指标的量纲不同，数量级也有所区别，因此要用下面的公式对从上一步得到的指标数据进行标准化处理，公式如下：

$$x_{xj}^{*} = \frac{x_{ij} - \bar{x}_j}{\sqrt{\mathrm{var}(x_j)}} \quad (i = 1,2,\cdots,n; j = 1,2,\cdots,q)$$

其中，x_{ij}是第 i 个样本的第 j 个指标的数据；$\bar{x}_j$ 是所有样本的第 j 个指标数据的平均值；$\sqrt{\mathrm{var}(x_j)}$是所有样本的第 j 个指标数据的标准差，据此可以得到数据的标准化数据矩阵。

第二，计算标准化数据矩阵的相关系数矩阵 R，并求出相关系数矩阵 R 的特征值 λ_1，λ_2，λ_3，$\cdots\lambda_q$（$\lambda_1 \geqslant \lambda_2 \geqslant \lambda_3 \geqslant \cdots \geqslant \lambda_q \geqslant 0$）和它们的对应特征向量 μ_1，μ_2，$\cdots\mu_q$。

采用主成分分析得到 q 个特征值 λ_i 和对应的特征向量 μ_i，然后按下列方法计算可得到因子载荷矩阵：

$$A = \begin{pmatrix} a_{11} & a_{12} & \cdots & a_{1q} \\ a_{21} & a_{22} & \cdots & a_{2q} \\ \cdots & \cdots & \cdots & \cdots \\ a_{q1} & a_{q2} & \cdots & a_{qq} \end{pmatrix} = \begin{pmatrix} u_{11}\sqrt{\lambda_1} & u_{12}\sqrt{\lambda_2} & \cdots & u_{1q}\sqrt{\lambda_q} \\ u_{21}\sqrt{\lambda_1} & u_{22}\sqrt{\lambda_2} & \cdots & u_{2q}\sqrt{\lambda_q} \\ \cdots & \cdots & \cdots & \cdots \\ u_{q1}\sqrt{\lambda_1} & u_{q2}\sqrt{\lambda_2} & \cdots & u_{qq}\sqrt{\lambda_q} \end{pmatrix}$$

由于因子分析法主要目的是减少变量的个数，因此在计算因子载荷矩阵时，通常只选取 m 个特征值和对应的特征向量，其因子载荷矩阵如下：

$$A = \begin{pmatrix} a_{11} & a_{12} & \cdots & a_{1m} \\ a_{21} & a_{22} & \cdots & a_{2m} \\ \cdots & \cdots & \cdots & \cdots \\ a_{q1} & a_{q2} & \cdots & a_{qm} \end{pmatrix} = \begin{pmatrix} u_{11}\sqrt{\lambda_1} & u_{12}\sqrt{\lambda_2} & \cdots & u_{1m}\sqrt{\lambda_m} \\ u_{21}\sqrt{\lambda_1} & u_{22}\sqrt{\lambda_2} & \cdots & u_{2m}\sqrt{\lambda_m} \\ \cdots & \cdots & \cdots & \cdots \\ u_{q1}\sqrt{\lambda_1} & u_{q2}\sqrt{\lambda_2} & \cdots & u_{qm}\sqrt{\lambda_m} \end{pmatrix}$$

式中：$m < q$。m 可以根据因子的累计方差贡献率来确定，前 m 个公共因子的累计方差贡献率为：

$$c = \sum_{i=1}^{m} \lambda_i / \sum_{i=1}^{q} \lambda_i$$

(3)计算因子得分。在因子分析中希望能获取每个样本数据在不同因子上的得分数值，即因子得分，以此为基础在后续研究时就可以简化为对各因子变量的研究，不再使用原有变量，做到了变量的简化降维。因子得分可以通过以下函数计算得出：

$$F_j = \beta_{j1}x_1 + \beta_{j2}x_2 + \beta_{j3}x_3 + \cdots + \beta_{jq}x_q \quad (j = 1,2,3,\cdots,m)$$

6.3.6 各地区基本公共服务水平的评价

(1)原始数据的获取。通过查阅2010年中国统计年鉴，所得的各项具体指标值见表6-3。

表6-3 各地区基本公共服务指标值

地区	x_1	x_2	x_3	x_4	x_5	x_6	x_7	x_8	x_9	x_{10}	x_{11}	x_{12}	x_{13}	x_{14}
北京	50.02	61.53	0.25	8.0	1.26	0.08	2.29	0.74	1.36	12.24	100.00	14.24	2.18	2.79
天津	33.22	73.97	0.70	8.1	2.41	0.08	1.47	0.49	0.71	5.71	100.00	12.05	2.44	0.88
河北	13.74	21.10	0.56	3.1	1.91	0.07	0.52	0.34	0.40	2.03	99.97	9.53	0.83	0.66
山西	16.54	25.84	0.74	7.4	2.66	0.07	0.54	0.45	0.56	1.85	97.26	6.83	1.95	1.24
内蒙古	17.42	35.86	0.39	11.7	2.10	0.08	0.88	0.38	0.51	2.33	87.97	6.89	1.93	3.56
辽宁	34.21	47.00	0.64	12.5	2.20	0.07	0.74	0.48	0.55	4.52	97.44	9.35	1.55	1.27
吉林	21.82	48.55	0.24	12.3	1.14	0.08	0.81	0.42	0.51	3.79	89.60	9.75	1.62	2.86
黑龙江	24.84	40.72	0.31	14.1	1.15	0.08	0.67	0.42	0.50	3.54	88.43	10.00	0.90	0.77
上海	45.57	72.31	0.76	5.2	1.88	0.07	2.22	0.74	0.97	8.81	100.00	8.82	0.94	2.48
江苏	25.84	41.29	0.89	4.1	1.48	0.07	0.86	0.36	0.44	3.50	99.56	10.91	1.75	0.67
浙江	31.25	36.05	1.51	1.5	3.98	0.06	0.83	0.39	0.61	3.96	99.79	11.87	3.98	0.70
安徽	11.24	25.67	0.35	3.6	0.83	0.06	0.46	0.28	0.31	1.62	96.06	7.73	1.33	0.87
福建	17.21	32.51	0.85	3.2	1.75	0.07	0.63	0.32	0.41	2.79	99.50	10.32	3.44	1.09
江西	13.62	29.73	0.45	6.7	0.93	0.05	0.36	0.27	0.34	1.40	97.43	7.61	0.92	1.06
山东	18.49	28.90	0.54	4.9	1.24	0.07	0.59	0.40	0.47	2.89	99.57	10.18	1.52	0.75
河南	11.48	21.73	0.33	4.4	0.97	0.05	0.34	0.30	0.35	1.71	91.03	7.58	0.84	0.38
湖北	18.15	32.47	0.37	5.2	0.96	0.06	0.46	0.33	0.42	2.89	97.59	9.47	1.14	1.64
湖南	14.29	28.84	0.48	5.9	0.78	0.06	0.47	0.33	0.38	1.88	95.17	10.01	1.28	0.44
广东	30.79	48.30	0.92	7.0	1.22	0.05	0.45	0.35	0.53	4.02	98.37	9.53	2.91	0.59
广西	9.75	20.29	0.52	6.0	1.31	0.05	0.45	0.27	0.36	1.48	94.65	8.07	0.94	0.28
海南	20.81	37.20	0.32	7.0	0.54	0.06	0.73	0.29	0.44	2.26	89.43	8.61	1.71	1.21
重庆	20.26	28.80	0.52	9.9	1.22	0.06	0.52	0.31	0.34	2.66	94.05	7.23	2.05	1.75

（续）

地区	x_1	x_2	x_3	x_4	x_5	x_6	x_7	x_8	x_9	x_{10}	x_{11}	x_{12}	x_{13}	x_{14}
四川	16. 17	25. 64	0. 55	18. 4	0. 91	0. 05	0. 45	0. 34	0. 36	1. 90	90. 80	9. 65	1. 62	0. 77
贵州	7. 40	17. 32	0. 50	5. 4	0. 84	0. 05	0. 36	0. 25	0. 25	1. 32	94. 10	8. 46	0. 51	0. 48
云南	6. 90	17. 83	0. 44	7. 8	1. 23	0. 06	0. 45	0. 35	0. 32	1. 55	96. 50	9. 74	1. 03	0. 45
西藏	3. 29	12. 82	0. 05	34. 0	0. 15	0. 06	0. 97	0. 30	0. 34	3. 12	97. 42	20. 91	2. 59	0. 73
陕西	14. 74	25. 36	1. 29	5. 6	1. 07	0. 07	0. 62	0. 37	0. 47	2. 66	99. 39	12. 64	1. 61	1. 24
甘肃	9. 47	23. 00	0. 26	16. 2	1. 08	0. 06	0. 46	0. 33	0. 37	1. 71	91. 57	8. 10	1. 21	0. 45
青海	13. 21	24. 92	0. 18	30. 2	1. 74	0. 06	0. 81	0. 37	0. 45	3. 86	99. 87	18. 30	2. 14	2. 88
宁夏	17. 03	29. 75	0. 57	9. 8	2. 16	0. 05	0. 63	0. 37	0. 47	3. 76	98. 23	10. 63	2. 85	5. 45
新疆	18. 02	36. 18	0. 44	13. 0	1. 62	0. 07	0. 81	0. 54	0. 57	3. 37	99. 17	11. 66	2. 42	2. 38

数据来源：2010 年中国统计年鉴。

注：x_7 依据教育部等关于 2010 年全国教育经费执行情况统计公告中生均公共财政预算教育事业费和生均公共财政预算公用经费计算求得。

（2）基本公共服务水平的评价结果。根据前文所列的因子分析方法，利用 SPSS13. 0 版本进行因子分析，可获得如下结果，解析如下：

首先，对数据进行检验。通过对上表数据进行 KMO 和 Bartlett 球度检验，结果为：KMO 检验值为 0. 695，根据统计学家 Kaiser 的研究结果，若 KMO > 0. 5，适合做因子分析。Bartlett 球度检验给出的相伴概率为 0. 000，小于显著水平 0. 05，因此拒绝 Bartlett 球度检验的零假设，适合做因子分析，检验结果见表 6-4。

表 6-4　KMO 检验和 Bartlett 球度

KMO 系数		0. 695
Bartlett 球度检验	近似卡方值	422. 336
	自由度	91
	相伴概率	0. 000

表 6-5 最初特征值与方差贡献率

因子	最初特征值			提取的载荷平方和		
	总计	方差%	累计值%	总计	方差%	累计值%
1	6. 333	45. 239	45. 239	6. 333	45. 239	45. 239
2	2. 362	16. 869	62. 108	2. 362	16. 869	62. 108
3	1. 901	13. 581	75. 689	1. 901	13. 581	75. 689
4	1. 085	7. 751	83. 440	1. 085	7. 751	83. 440
5	0. 702	5. 017	88. 458			
6	0. 475	3. 389	91. 847			
7	0. 384	2. 741	94. 589			
8	0. 228	1. 629	96. 218			
9	0. 219	1. 567	97. 785			
10	0. 129	0. 923	98. 708			
11	0. 101	0. 722	99. 430			
12	0. 041	0. 294	99. 724			
13	0. 027	0. 196	99. 920			
14	0. 011	0. 080	100. 000			

提取方法：主成分分析法。

从表 6-5 中可以看出，14 个原始指标可以综合为 4 个主成分，它们的累计方差百分比为 83. 44%，包含了绝大部分信息。

表 6-6 因子载荷矩阵

	因子			
	1	2	3	4
x_1	0. 911	-0. 168	-0. 199	-0. 048
x_2	0. 864	-0. 076	-0. 277	0. 015
x_3	0. 224	-0. 850	0. 276	-0. 054
x_4	-0. 074	0. 799	0. 439	0. 112
x_5	0. 457	-0. 583	0. 291	0. 393
x_6	0. 658	0. 203	-0. 211	0. 228

（续）

	因子			
	1	2	3	4
x_7	0.914	0.233	-0.066	-0.144
x_8	0.923	0.108	-0.152	-0.054
x_9	0.950	0.073	-0.115	-0.087
x_{10}	0.943	0.181	-0.034	-0.164
x_{11}	0.421	-0.311	0.548	-0.460
x_{12}	0.263	0.516	0.727	-0.265
x_{13}	0.376	-0.207	0.710	0.326
x_{14}	0.436	0.275	0.115	0.644

提示方法：主成分分析法。

提取的4个主成分。

从表6-6中可以得到，因子载荷矩阵有4个主成分：

$$Z_1 = 0.911X_1 + 0.864X_2 + 0.224X_3 - 0.074X_4 + 0.457X_5 + 0.658X_6 + 0.914X_7 + 0.923X_8 + 0.950X_9 + 0.943X_{10} + 0.421X_{11} + 0.263X_{12} + 0.376X_{13} + 0.436X_{14}$$

$$Z_2 = -0.168X_1 - 0.076X_2 - 0.850X_3 + 0.799X_4 - 0.583X_5 + 0.203X_6 + 0.233X_7 + 0.108X_8 + 0.073X_9 + 0.181X_{10} - 0.311X_{11} + 0.516X_{12} - 0.207X_{13} + 0.275X_{14}$$

$$Z_3 = -0.199X_1 - 0.277X_2 + 0.276X_3 + 0.439X_4 + 0.291X_5 - 0.211X_6 - 0.066X_7 - 0.152X_8 - 0.115X_9 - 0.034X_{10} + 0.548X_{11} + 0.727X_{12} + 0.710X_{13} + 0.115X_{14}$$

$$Z_4 = -0.048X_1 + 0.015X_2 - 0.054X_3 + 0.112X_4 + 0.393X_5 + 0.228X_6 - 0.144X_7 - 0.054X_8 - 0.087X_9 - 0.164X_{10} - 0.460X_{11} - 0.265X_{12} + 0.326X_{13} + 0.644X_{14}$$

表 6-7 旋转后的因子载荷矩阵

	因子			
	1	2	3	4
x_1	0.899	0.259	-0.157	-0.005
x_2	0.878	0.148	-0.172	0.084
x_3	0.039	0.806	-0.314	-0.317
x_4	-0.105	-0.272	0.812	0.324
x_5	0.221	0.813	-0.186	0.209
x_6	0.669	-0.013	0.000	0.351
x_7	0.931	0.044	0.217	0.024
x_8	0.933	0.101	0.058	0.075
x_9	0.949	0.148	0.071	0.033
x_{10}	0.945	0.103	0.212	-0.011
x_{11}	0.279	0.568	0.325	-0.529
x_{12}	0.156	0.111	0.940	-0.110
x_{13}	0.089	0.773	0.369	0.230
x_{14}	0.319	0.172	0.192	0.725

提取方法：主成分分析法。

旋转方法：方差极大正交旋转法。

8 次迭代旋转。

表 6-7 为经过最大方差正交旋转后的因子载荷矩阵，由此有：

$$Z_1 = 0.899X_1 + 0.878X_2 + 0.039X_3 - 0.105X_4 + 0.221X_5 + 0.669X_6 + 0.931X_7 + 0.933X_8 + 0.949X_9 + 0.945X_{10} + 0.279X_{11} + 0.156X_{12} + 0.089X_{13} + 0.319X_{14}$$

$$Z_2 = 0.259X_1 + 0.148X_2 + 0.806X_3 - 0.272X_4 + 0.813X_5 - 0.013X_6 + 0.044X_7 + 0.101X_8 + 0.148X_9 + 0.103X_{10} + 0.568X_{11} + 0.111X_{12} + 0.773X_{13} + 0.172X_{14}$$

$$Z_3 = -0.157X_1 - 0.172X_2 - 0.314X_3 + 0.812X_4 - 0.186X_5 + 0.000X_6 + 0.217X_7 + 0.058X_8 + 0.071X_9 + 0.212X_{10} + 0.325X_{11} + 0.940X_{12} + 0.369X_{13} + 0.192X_{14}$$

$$Z_4 = -0.005X_1 + 0.084X_2 - 0.317X_3 + 0.324X_4 + 0.209X_5 +$$

$0.351X_6 + 0.024X_7 + 0.075X_8 + 0.033X_9 - 0.011X_{10} - 0.529X_{11} - 0.110X_{12} + 0.230X_{13} + 0.725X_{14}$

表 6-8　旋转后因子得分矩阵

	因子			
	1	2	3	4
x_1	0.162	0.018	-0.101	-0.045
x_2	0.162	-0.023	-0.117	0.024
x_3	-0.043	0.334	-0.113	-0.167
x_4	-0.046	-0.068	0.369	0.189
x_5	-0.058	0.373	-0.103	0.260
x_6	0.107	-0.045	-0.053	0.241
x_7	0.178	-0.077	0.076	-0.079
x_8	0.172	-0.048	-0.006	-0.015
x_9	0.174	-0.032	0.004	-0.049
x_{10}	0.177	-0.055	0.077	-0.104
x_{11}	0.032	0.186	0.208	-0.453
x_{12}	0.000	0.040	0.470	-0.182
x_{13}	-0.100	0.381	0.172	0.236
x_{14}	-0.025	0.122	0.022	0.598

提取方法：主成分分析法。
旋转方法：方差极大正交旋转法。
因子得分。

表 6-8 为因子得分矩阵，由此可得因子得分函数：

$F_1 = 0.162X_1 + 0.162X_2 - 0.043X_3 - 0.046X_4 - 0.058X_5 + 0.107X_6 + 0.178X_7 + 0.172X_8 + 0.174X_9$、$+ 0.177X_{10} + 0.032X_{11} + 0.000X_{12} - 0.100X_{13} - 0.025X_{14}$

$F_2 = 0.018X_1 - 0.023X_2 + 0.334X_3 - 0.068X_4 + 0.373X_5 - 0.045X_6 - 0.077X_7 - 0.048X_8 - 0.032X_9 - 0.055X_{10} + 0.186X_{11} + 0.040X_{12} + 0.381X_{13} + 0.122X_{14}$

$F_3 = -0.101X_1 - 0.117X_2 - 0.113X_3 + 0.369X_4 - 0.103X_5 - 0.053X_6 + 0.076X_7 - 0.006X_8 + 0.004X_9 + 0.077X_{10} + 0.208X_{11} +$

$0.470X_{12}+0.172X_{13}+0.022X_{14}$

$F_4=-0.045X_1+0.024X_2-0.167X_3+0.189X_4+0.260X_5+0.241X_6-0.079X_7-0.015X_8-0.049X_9-0.104X_{10}-0.453X_{11}-0.182X_{12}+0.236X_{13}+0.598X_{14}$

结合表6-5中的信息，可得综合得分为：

$$\text{Sorce}=0.45239F_1+0.16869F_2+0.13581F_3+0.07751F_4$$

按照这个公式，可以计算出我国31个省(自治区、直辖市)综合得分，综合得分结果及排名详见表6-9。

从以上的分析结果可以看出各省的综合评价得分有正有负，得分绝对值的大小反映了各省或地区偏离全国平均水平的程度。得分为正数的说明该省或地区的基本公共服务提供水平高于全国的平均水平，得分为负数的说明该省或地区的基本公共服务提供水平低于全国的平均水平，理应得到横向转移支付资金。

表6-9 各地区基本公共服务水平评价综合得分及排名

地区	得分	排名	省份	得分	排名
北京	1.5754	1	山东	-0.0887	17
上海	1.1154	2	湖北	-0.2251	18
天津	0.7917	3	重庆	-0.2296	19
浙江	0.4597	4	海南	-0.2596	20
新疆	0.3645	5	河北	-0.2647	21
辽宁	0.3224	6	四川	-0.3479	22
青海	0.2914	7	湖南	-0.3651	23
宁夏	0.2645	8	黑龙江	-0.4292	24
吉林	0.2081	9	甘肃	-0.4500	25
广东	0.1731	10	云南	-0.4751	26
福建	0.1322	11	江西	-0.5027	27
内蒙古	0.0974	12	安徽	-0.5077	28
江苏	0.0853	13	河南	-0.5382	29
陕西	0.0472	14	广西	-0.5599	30
西藏	0.0256	15	贵州	-0.7320	31
山西	0.0216	16			

6.3.7　横向转移支付额度的测算

(1)省际间转移支付额度测算。省际之间的横向转移支付额度，可以结合各省人口数与各省区财政一般预算收入，以及所确定的基本公共服务水平的综合得分来加以确定。将财力人均值超过全国财力人均值的省份作为上解财政资金省份，将上解的财政资金汇总形成一个“横向转移支付资金池”。为了不过分影响经济发达地区的积极性，采用类似个人所得税中“超额累进税率”的办法，来确定财力人均值较高省份应上解横向转移支付资金的比例，这样做可以尽量消除对经济发达地区产生较大的消极影响，打消这些富裕省份认为是为其他省份“打工”的念头。具体做法是：

①计算各省(区)财力人均值及全国财力人均值：

$$\text{各省(区)财力人均值} = \frac{\text{各省(区)财政一般预算收入}}{\text{各省(区)总人口}}$$

$$\text{全国财力人均值} = \frac{\sum \text{各省(区)财政一般预算收入}}{\sum \text{各省(区)总人口}}$$

经过计算，各省区财力人均值及全国财力人均值如表6-10所示。从表6-10可以看出，2010年各省财力人均值超过全国财力人均值水平的省(区)，从高到低排列依次为上海、北京、天津、江苏、浙江、辽宁、内蒙古、广东、重庆、海南及福建11个省(自治区、直辖市)。

表6-10　2010年各省(区)及全国财力人均值

地区	人　数 (万人)	各省财政一般预算收入 (亿元)	财力人均值 (元/人)
北京	1962	2353.93	11997.60
天津	1299	1068.81	8227.94
河北	7194	1331.85	1851.33
山西	3574	969.67	2713.12
内蒙古	2472	1069.98	4328.40

（续）

地区	人　数（万人）	各省财政一般预算收入（亿元）	财力人均值（元/人）
辽宁	4375	2004.84	4582.49
吉林	2747	602.41	2192.97
黑龙江	3833	755.58	1971.25
上海	2303	2873.58	12477.55
江苏	7869	4079.86	5184.72
浙江	5447	2608.47	4788.82
安徽	5957	1149.4	1929.49
福建	3693	1151.49	3118.03
江西	4462	778.09	1743.81
山东	9588	2749.38	2867.52
河南	9405	1381.32	1468.71
湖北	5728	1011.23	1765.42
湖南	6570	1081.69	1646.41
广东	10441	4517.04	4326.25
广西	4610	771.99	1674.60
海南	869	270.99	3118.41
重庆	2885	952.07	3300.07
四川	8045	1561.67	1941.17
贵州	3479	533.73	1534.15
云南	4602	871.19	1893.07
西藏	301	36.65	1217.61
陕西	3735	958.21	2565.49
甘肃	2560	353.58	1381.17
青海	563	110.22	1957.73
宁夏	633	153.55	2425.75
新疆	2185	500.58	2290.98
全国	134091	40613.05	3028.77

②上缴资金额度的测算。在目前我国总体经济发展水平较低的情况下，不应将各省份超出全国财力人均值的部分全部纳入横向转移支付资金池，否则就会极大打击这些省份发展经济的动力。考虑

到这种状况，将提取比例最高限定为30%，并根据超过全国财力人均值的程度，制定了两档较低提取比例，具体规定如下：

设各省（区）财力人均值为 F_D，全国财力人均值为 F_C，各省（区）人口数为 P_D，应上解资金额为 F_{DD}。

第一，当 $F_C < F_D \leqslant F_C 150\%$ 时，提取比例为10%，上解资金额的计算公式为：

$$F_{DD} = \sum (F_D - F_C) \times 10\% \cdot P_D$$

经计算，内蒙古、广东、重庆、海南及福建省需上解横向转移支付资金额为178.64亿元。

第二，$F_C 150\% < F_D \leqslant F_C 200\%$ 的部分，提取比例为20%，上解资金额的计算公式为：

$$F_{DD} = \sum [(F_C \cdot 150\% - F_C) \times 10\% + (F_D - F_C \cdot 150\%) \times 20\%] \cdot P_D$$

经计算，江苏、浙江与辽宁省需上解横向转移支付资金额为401.03亿元。

第三，$F_D > F_C 200\%$ 的部分，提取比例为30%，上解资金额的计算公式为：

$$F_{DD} = \sum [(F_C \cdot 150\% - F_C) \times 10\% + (F_C \times 200\% - F_C \times 150\%) \times 20\% + (F_D - F_C \cdot 200\%) \times 30\%] \cdot P_D$$

经计算，上海、北京与天津市需上解横向转移支付资金额为1130.6亿元，因此上述11省（区）共计纳入“横向转移支付资金池”的资金额为1710.27亿元。

③黑龙江可得横向转移支付额测算。对于基本公共服务水平评价综合得分为负数的省份，将其综合得分取绝对值后求和，记作 $\sum_{i=1}^{m} |S_i|$，将某省份综合评价得分为负数的取绝对值，记作 $|S_j|$，计算出相应的权重系数来分配该省份应分得的横向转移支付额 T_j，计算公式为：

$$T_j = \sum_{i=1}^{n} F_{DD_i} \cdot \frac{|S_j|}{\sum_{i=1}^{m} |S_i|}$$

其中：n 表示需上解横向转移支付资金省份的个数，m 表示综合得分为负数的省份个数。

经计算，黑龙江省的分配系数为 0.0718，可得横向转移支付额为 122.8 亿元。

(2)省以下转移支付额度测算。大小兴安岭生态功能区(黑龙江部分)位于黑龙江省内，因此需要将上文黑龙江省所得的横向转移支付额进行省以下的转移支付。黑龙江省共包括 12 个地级市及 1 个地区(大兴安岭地区)，12 个地级市(不含市辖区)共包括 61 个县(含县级市)，大兴安岭地区(不含所辖区)下辖 3 个县。因为黑龙江省内各县市的经济发展水平及财政能力差距相比黑龙江与其他经济发达地区的差距要小得多，提供基本公共服务能力差距也要小得多，故可以忽略黑龙江省内各县市的基本公共服务能力的差距，在将省际间横向转移支付的资金进行省以下的财政转移支付分配时，可以着重考虑弥补一般预算财政收支的缺口。2010 年黑龙江省各市、县的财政收支情况见表 6-11。

表 6-11　2010 年黑龙江省各市、县的财政收支情况表

地区	年末总人口（万人）	地方财政一般预算收入（亿元）	地方财政一般预算支出（亿元）	地方财政一般预算收支差额（亿元）	人均预算差额（元/人）	财力人均值（元/人）
哈尔滨市辖区	471.79	206.36	305.18	98.82	2094.65	4373.90
依兰县	40.8	4.19	16.30	12.11	2968.21	1026.84
方正县	23.1	1.39	8.02	6.63	2871.73	601.65
宾县	62.9	4.25	17.15	12.90	2050.65	675.80
巴彦县	70	2.49	16.41	13.92	1987.76	356.46
木兰县	27.8	1.43	10.45	9.02	3241.16	515.43
通河县	23.9	1.34	9.86	8.52	3563.05	561.51
延寿县	26	1.86	10.94	9.08	3494.12	715.38

（续）

地区	年末总人口（万人）	地方财政一般预算收入（亿元）	地方财政一般预算支出（亿元）	地方财政一般预算收支差额（亿元）	人均预算差额（元/人）	财力人均值（元/人）
双城市	82.2	7.42	21.68	14.26	1734.54	902.79
尚志市	61.7	3.35	15.42	12.07	1956.65	542.41
五常市	100.1	4.06	21.56	17.50	1748.56	405.47
大庆市辖区	133.4	8.38	105.71	97.33	1640.46	6283.70
肇州县	46.4	4.36	7.91	3.55	764.29	939.96
肇源县	47.2	3.00	6.63	3.63	768.18	635.68
林甸县	27.3	2.36	5.04	2.68	983.74	862.89
杜蒙县	25.5	2.35	5.88	3.53	1382.78	923.29
鹤岗市辖区	67.6	13.39	34.77	21.38	3162.81	1980.44
萝北县	8.6	1.51	7.58	6.07	7060.23	1758.14
绥滨县	13.5	0.59	3.66	3.07	2280.07	434.52
黑河市辖区	19.21	4.76	17.65	12.89	6711.45	2478.92
嫩江县	50	4.82	18.31	13.49	2698.54	964.52
逊克县	8.2	1.32	8.18	6.86	8359.76	1615.85
孙吴县	10.4	0.41	7.03	6.62	6370.00	391.25
北安市	39.9	2.01	17.08	15.07	3778.65	502.93
五大连池市	36.2	0.77	11.37	10.60	2925.99	214.31
鸡西市辖区	87.9	19.78	28.82	9.04	1028.99	2249.80
鸡东县	28	2.54	5.70	3.16	1129.21	907.57
虎林市	16	1.63	12.80	11.17	6980.44	1020.63
密山市	35.8	2.03	14.62	12.59	3518.52	566.20
佳木斯市辖区	82	8.64	32.83	24.19	2950.27	1053.59
桦南县	46.7	1.65	14.73	13.08	2801.37	352.53
桦川县	22	0.73	10.15	9.42	4282.36	329.91
汤原县	26	0.97	10.78	9.81	3770.58	375.00
抚远县	12.3	1.45	10.62	9.17	7453.82	1182.11
同江市	13.3	1.30	12.20	10.90	8195.41	978.42
富锦市	39.6	2.87	19.17	16.30	4116.92	724.65
牡丹江市辖区	88.95	20.44	52.45	32.01	3599.13	2297.53
东宁县	21.1	3.45	12.85	9.40	4454.45	1635.78

（续）

地区	年末总人口（万人）	地方财政一般预算收入（亿元）	地方财政一般预算支出（亿元）	地方财政一般预算收支差额（亿元）	人均预算差额（元/人）	财力人均值（元/人）
林口县	38.3	2.48	12.20	9.72	2536.84	648.49
绥芬河市	6.6	4.92	14.65	9.73	14745.76	7451.06
海林市	40.7	4.17	13.86	9.69	2380.54	1025.06
宁安市	43.7	3.25	15.17	11.92	2728.15	742.93
穆棱市	29.6	4.11	14.91	10.80	3647.87	1390.20
七台河市辖区	57.21	20.01	35.29	15.28	2671.33	3497.38
勃利县	32.1	3.31	13.22	9.91	3085.76	1032.37
齐齐哈尔市辖区	141.51	40.04	60.03	19.99	1413.17	2829.26
龙江县	61.2	1.39	16.37	14.98	2448.94	226.60
依安县	50	1.34	5.82	4.48	896.32	267.16
泰来县	32.9	1.33	11.28	9.95	3024.53	403.53
甘南县	39.6	1.04	5.36	4.32	1092.50	262.30
富裕县	29.7	1.82	5.94	4.12	1389.66	612.26
克山县	47.9	0.67	11.43	10.76	2246.24	140.65
克东县	29.8	1.17	10.21	9.04	3031.24	393.79
拜泉县	59.6	0.97	7.02	6.05	1015.77	163.05
讷河市	73.6	1.60	16.93	15.33	2083.60	217.08
双鸭山市辖区	50.26	15.6	31.85	16.25	3233.17	3104.34
集贤县	28.9	2.44	12.66	10.22	3534.88	846.30
友谊县	2.9	0.86	4.38	3.52	12143.45	2980.00
宝清县	30.8	3.25	15.48	12.23	3969.48	1055.75
饶河县	8	0.67	7.41	6.74	8430.25	834.75
绥化市辖区	89.93	2.38	9.07	6.69	744.21	264.91
望奎县	48.8	1.41	6.19	4.78	978.67	289.67
兰西县	49.3	0.72	11.65	10.93	2216.98	147.20
青冈县	48.4	0.62	12.05	11.43	2362.17	127.69
明水县	37	0.76	10.56	9.80	2650.49	205.08
安达市	51.6	7.13	11.68	4.55	881.67	1382.40
肇东市	93.2	8.17	15.16	6.99	750.03	876.30
庆安县	41.2	1.19	12.88	11.69	2837.65	288.54

（续）

地区	年末总人口（万人）	地方财政一般预算收入（亿元）	地方财政一般预算支出（亿元）	地方财政一般预算收支差额（亿元）	人均预算差额（元/人）	财力人均值（元/人）
绥棱县	33.5	0.63	10.41	9.78	2920.39	188.51
海伦市	84.8	1.37	19.05	17.68	2085.85	161.16
伊春市辖区	80.85	6.65	46.92	40.27	4980.01	823.19
嘉荫县	6.5	0.68	6.92	6.24	9598.31	1047.54
铁力市	38.6	0.98	9.89	8.91	2306.42	254.92
大兴安岭地区	28.43	2.29	21.65	19.36	6809.81	806.61
呼玛县	5.3	0.54	5.82	5.28	9976.98	1012.83
塔河县	9.7	0.64	3.65	3.01	3103.71	661.03
漠河县	8.6	1.68	6.20	4.52	5252.67	1959.19

注：以上数据来源于国务院发展研究中心信息网。

根据表6-10中数据可知，黑龙江省2010年财力人均值为1971.25元/人，将黑龙江省内各市县中财力人均值小于黑龙江省财力人均值的，作为省际间横向转移支付资金的接受地区。由表6-11可知，在12个地级市辖区及大兴安岭地区（地区辖区）范围内，除佳木斯市辖区、绥化市辖区、伊春市辖区和大兴安岭地区（地区辖区）外，其他9个地级市辖区及绥芬河市和友谊县其财力人均值大于省平均值，这些地区不能接受横向转移支付资金。

由于分配来的省际间横向转移支付资金主要用于弥补财政一般预算收支差额，因此可将某地区财政一般预算收支差额占黑龙江省接受转移支付地区的财政一般预算收支差额合计金额的比重作为分配系数。黑龙江省接受转移支付地区的财政一般预算收支差额共计22.06亿元，按本书表1-1中所列大小兴安岭生态功能区（黑龙江部分）所列的市县范围，依据表6-11可知，大小兴安岭生态功能区（黑龙江部分）除了黑河市辖区和鹤岗市辖区外，均可得到横向转移支付资金。经过计算大小兴安岭生态功能区（黑龙江部分）的财政一般预算收支差额为9.36亿元，分配系数为0.4243，故大小兴安岭生态功能区(黑龙江部分)可得省际间的横向转移支付资金额为52.10亿元。

横向转移支付额因为涉及先由上解横向转移支付资金的省份上解到“横向转移支付资金池”，然后再按综合评分大小分至各省，然后再纵向化至大小兴安岭生态功能区各县级财政局，因此比较适宜由中央财政统一汇集应上解横向转移支付资金省份的上解资金，其转移支付路径如图6-3所示。

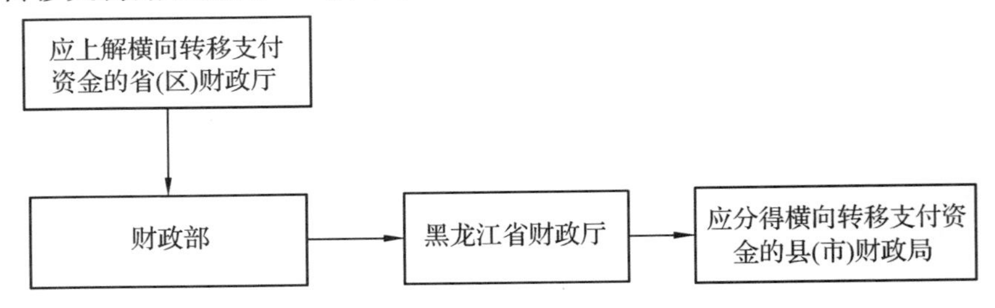

图6-3 大小兴安岭生态功能区横向转移支付路径图

6.4 本章小结

本章从纵向转移支付和横向转移支付两个方面对财政补偿路径进行优化研究，在分析目前财政转移支付制度存在问题的基础上，认为应对现有生态补偿财政政策进行相应整合，对与生态功能区生态保护与建设直接相关的成本，将其纳入财政预算实行统筹安排，采取中央对地方政府的纵向转移支付中专项转移支付的形式，将这些生态功能区建设生态补偿支出作为一个经常性的支出项目。重点对横向转移支付制度进行优化设计，在构建基本公共服务均等化水平评价指标体系基础上，运用因子分析法对全国各省(区)的基本公共服务水平进行了评价，得出其综合得分及排名。在此基础上构建了横向转移支付额度的测算模型，为完善我国基于生态功能区建设的横向财政转移支付制度提供了新思路。

7 大小兴安岭生态功能区建设生态补偿机制配套支撑体系

生态功能区的生态建设可以发挥巨大的生态效益，但却无法通过市场来实现其价值，制约了生态资源的优化配置，因此需要通过构建科学合理的生态补偿机制来纠正外部性。生态补偿机制的建立不仅可以弥补受偿者的损失，而且可以促进受偿地区产业结构的调整，提高其自我发展能力。生态补偿机制的实质是利益的协调机制，涉及中央与地方，地方政府之间，政府与企业、农户、组织等各方面利益的调整，需要生态补偿机制微观主体的一致行动，还需要政府在宏观层面予以协调并提供配套政策作为配套支持体系。大小兴安岭生态功能区建设过程中需要有完善的生态补偿相关制度、政策、配套产业发展以及科技创新等相关配套体系作为支撑，才能进一步完善生态补偿机制。大小兴安岭生态功能区建设生态补偿机制的配套支撑体系如图 7-1 所示。

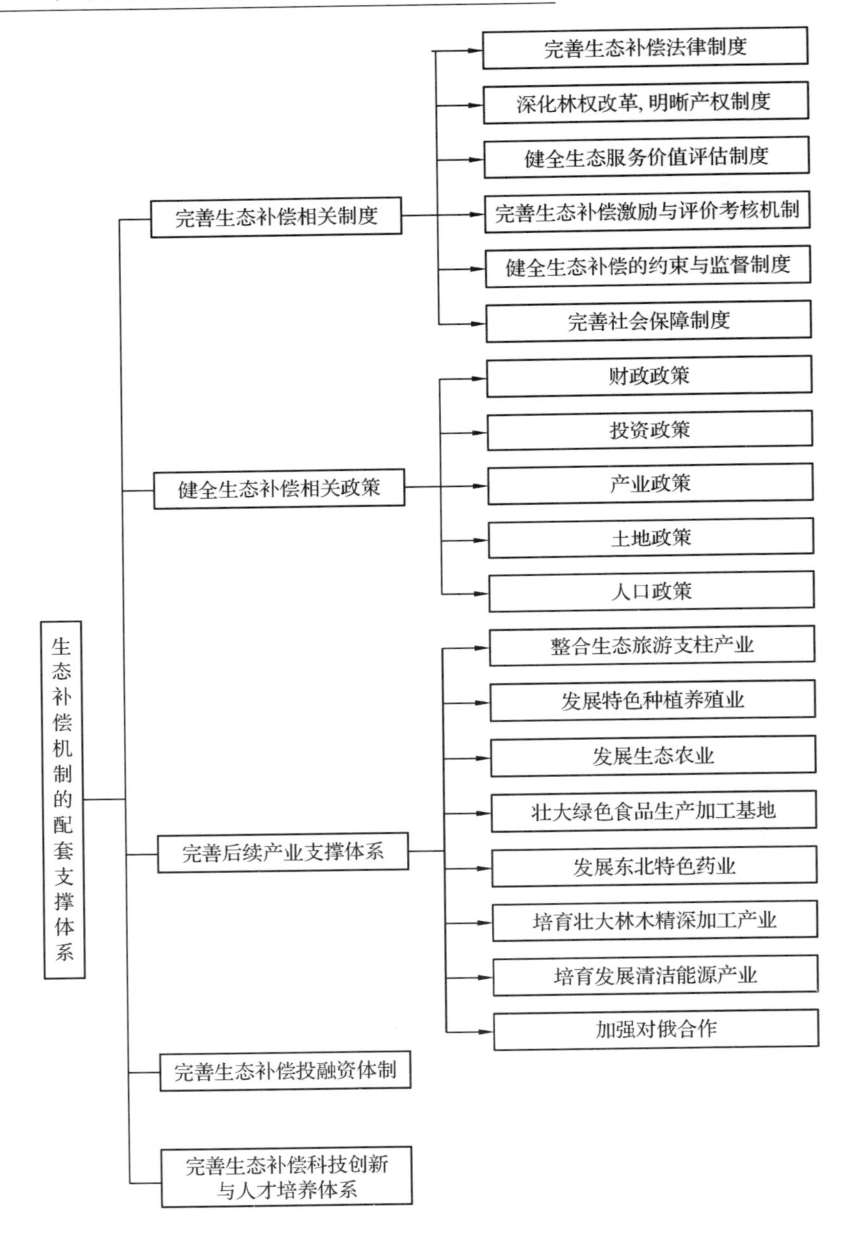

图 7-1　生态补偿机制配套支撑体系框架图

7.1 完善生态补偿相关制度

7.1.1 完善生态补偿法律制度

健全生态补偿立法是完善生态补偿机制的一项重要内容，建立完善的不同法律级次的生态补偿相关法律、法规，有助于明确生态补偿机制的法律地位，是生态补偿工作得以顺利实施的法律保障。然而受立法程序繁琐和立法前瞻性不足的影响，目前中国生态补偿相关法律制度建设明显滞后于生态补偿的实践，无法提供基本的立法保障，出现了无法可依的尴尬局面。目前关于生态补偿的主要法规是《中央森林生态效益补偿基金管理办法》，该办法对很多深层次的问题还不能解决，且其法律地位也比较低，难以从根本上保障国家可持续发展的战略要求。因此应首先确立生态补偿的宪法地位，生态补偿是推进可持续发展的重要措施，将生态补偿的重要性写入宪法中才能实现生态环境的可持续发展。其次应修改现有的环境基本法和《森林法》、《野生动物保护法》等单行法，使现有生态补偿法律制度更完善、更科学。此外我国政府应尽快出台高层次的、独立的环境基本法——《生态补偿法》。《生态补偿法》应以法律形式明确生态补偿的原则、补偿目的、补偿途径、补偿主体、补偿客体、补偿标准、补偿范围、补偿方式和补偿的法律责任等内容，做出原则性的规定，但不宜过细，而一些具体的细节性内容可以通过出台《生态补偿法实施条例(或细则)》来做出规定。同时允许各地区在不违背《生态补偿法》和《生态补偿实施条例》基本原则的情况下，根据区域差异，制定与各地区实际情况相适应的补充性法规和政策。考虑到我国生态补偿的实践开展时间尚短，出台《生态补偿法》的时机尚不成熟，可以考虑由国务院先出台《关于生态补偿政策的指导意见》，然后随着生态补偿实践的逐步开展，发现问题及时修订，在此基础上出台《生态补偿实施条例》。按照确定的补偿标准及补偿途径等在某些地区进行试点，在试点过程中查找不足并及时加以修订后，在全国范围内推行，待时机成熟再正式出台《生态补偿法》。生态补偿的相关法律、法规出台后，还要加强执法力度，严格执法。由于生态补偿与环境问题本身的复杂性，有些问题需要多部门联合才能解决，但目前存在多头执法的问题。因此需要明确各部门的具体职责和分工，理顺各部门之间的关系，健全执法监督体系，确保严格执法。

7.1.2 深化林权改革以明晰产权制度

加快推进伊春重点国有林区林权制度改革的试点评估及验收工作，争取国家支持尽快解决林权证发放等关键问题，并将试点范围扩大至大小兴安岭生态功能区内的其他国有林区。黑龙江省林业厅也应按照国务院出台的关于集体林权制度改革的意见，加紧研究制定集体林权制度改革方案，争取在较短时间内全面完成大小兴安岭林区的集体林权制度改革。在坚持集体林地所有权不变的前提下，可将林地承包经营权和林木所有权以家庭承包方式承包给本集体经济组织的农户用于经营，对不宜实行家庭承包经营的林地，可采取平均股份或收益等其他方式落实产权。林权制度改革对于生态补偿机制的建立意义深远，生态补偿机制若要有好的效果，就应该直接将生态补偿款支付给林地经营者，并根据林木经营情况的好坏，所发挥生态效益的大小来制定有差别的补偿标准，这样才会激励林地经营者更好地保护林木、保护生态环境，使生态补偿机制真正发挥作用。

7.1.3 健全生态服务价值评估制度

现阶段的生态补偿由于我国财力的不足，无法按生态服务功能价值来进行补偿。按前述森林生态系统补偿标准计算模型，即使是以成本法为基础进行补偿的话，也需要考虑生态产品所发挥的生态效益，而且也不排除在我国经济发达、财力雄厚时，以生态产品所提供的生态服务功能价值作为补偿标准，因而逐步建立生态环境资源价值评估制度，是很有必要的。健全生态服务价值评估制度，一方面可以提高社会各界对享用生态效益要付费的意识，督促全社会自觉保护生态环境；另一方面，也可以为生态补偿或相关生态产品的市场交易确定交易价格基础。健全的生态服务价值评估制度的确立，应注意以下关键问题：

首先，应建立专门的价值评估机构。由于生态产品的价值评估非常复杂，有时要借助于遥感等技术的运用，其价值评估往往要由生态学及具有相关专业知识的专家、学者才能做出比较科学的评估。现阶段比较现实的做法是由政府牵头成立专门的价值评估机构，组织有关专家学者进行生态产品的价值评估工作，并由政府支付相应的评估费用。待时机成熟，也可以考虑成立像会计师事务所一类的中介机构作为专门的价值评估机构，因为这类中介机构不挂靠任何单位，具有独立性，所评估出的结果更加客观真实，但是对这种价值评估机构的资质及从业人员的资质必须做出严格限定。

其次，应完善价值评估方法体系。只有采用科学的评估方法才能得出恰当、科学的评估结果，从长远看完善的价值评估方法体系是健全生态补偿机制，合理确定生态补偿标准的关键。然而目前理论界关于生态服务功能价值评估的方法种类较多，争议较大，尚需一定时日来取得共识。通过借鉴国际上比较先进的生态服务功能价值评估方法，争取找到一套适合我国国情的、综合性的生态服务功能价值评估方法，克服现有方法的缺陷，建立评估成本相对较低、精确度较高的科学评估体系。

7.1.4 完善生态补偿的激励与评价考核机制

要建立健全生态补偿的长效机制，构建能激励生态功能区政府的动力机制是很有必要的。将生态功能区建设中创造的生态效益水平的提高与其业绩考核相结合，一方面可以使生态功能区政府及领导有更大的积极性投入生态功能区建设，另一方面通过产业转型也会提高生态功能区的收入，地方财政收入的提高将减少单纯对中央财政转移支付的依赖。要健全生态补偿激励与评价考评机制，应摒弃原来只注重 GDP 的做法，GDP 考核机制使地方政府只是单纯追求产值、攀比经济发展速度，而不顾及资源损毁和环境的恶化。由于生态功能区产业发展受限，其主体功能不是发展经济而是生态保护。相比传统的 GDP 核算方法，绿色 GDP 核算可以体现出经济社会发展所付出的资源环境代价，有助于正确引导地方政府相关领导的决策行为，纠正只片面追求产值而不顾及可持续发展的倾向。因而在评价生态功能区经济发展状况时应努力推行绿色 GDP 制度，以绿色 GDP 增长为标准，根据发达国家绿色 GDP 制度的实施经验，建立我国的自然资源和生态环境的基础数据收集体系和价值评估核算体系。基础数据的收集对于绿色 GDP 核算制度是一个难点，我国可以先在一些地区试点，积累经验后在全国范围内推行。若要完善绿色 GDP 绩效评估指标体系，在指标体系构建时应偏重于生态效益指标，加大生态效益指标的权重，将生态指标纳入绩效评估指标体系，使整个绩效评估指标体系更加科学化，同时还应建立领导干部任期环境质量责任制和行政问责制等机制。推行绿色 GDP 考核机制，使领导干部正确对待经济增长与生态环境保护的关系，推动生态功能区政府更好履行生态管理职责，充分发挥政府的综合管理能力，促进大小兴安岭生态功能区经济、社会、资源与环境的和谐发展。

7.1.5 健全生态补偿的约束与监督制度

激励机制对生态补偿机制的建立和完善必不可少，而为保证生态补偿得以顺利实施，还需要建立健全生态补偿的约束与监督制度。在生态补偿过程中应依照相关法律法规的规定，对于违反生态功能区生态补偿的破坏行为并造成损失，以及出现重大失误等问题追究责任，并给予适当的处罚。生态补偿的约束与监督要依赖于详细的政策及相关制度规定来推动和实施，例如在生态补偿基金管理办法中应明确管护责任与标准、管护技术规范等制度，这些详细的制度一方面可以明确行为规范，确立行为准绳，避免工作的随意性，另外对违反相关制度者进行处罚也可以维护政策的权威性。

为了更好地约束生态补偿相关利益方的行为，应建立相应的监督管理制度。如对上级财政部门拨付的财政资金，应建立资金使用动态监督系统，使上级政府主管部门可以随时监控生态补偿资金的使用，确保生态补偿资金做到专款专用，提高资金的利用效率，以防出现职务侵占等问题。还应建立生态建设工程的监督管理制度，以防出现质量不合格的生态建设工程，浪费了巨额资金却无法达到生态建设的目标。对生态工程建设过程中的监督是非常有必要的，可以委托专门的监理公司或由政府组织有关专家进行工程质量的监督，确保生态建设工程质量。同时还应建立生态环境的监控制度。生态补偿额度的多少要与生态环境的监测结果挂钩，提供优质生态环境的地区应当多得到生态补偿，而生态环境监控要有具体明确的标准，生态环境监控要做到标准化、信息化和制度化。

7.1.6 完善社会保障制度

为配合大小兴安岭生态功能区建设，有部分生态功能区居民需要进行生态移民。而制约生态移民的因素之一就是社会保障制度尚不健全，导致迁出的移民有顾虑而不愿意移民，因此健全社会保障制度是完善生态功能区建设生态补偿机制的一项重要举措。生态功能区政府应扩大基本养老、医疗等保险的覆盖面，力争形成全覆盖、多层次的社会保障体系。另外应加快建设医疗保障体系，逐步扩大基本医疗保障筹资渠道并提高统筹层次，力争使生态功能区内居民都能享有基本医疗保障。还应进一步巩固城镇居民基本医疗保险及新农合医疗制度，探索建立城乡一体化的基本医疗保障制度。积极探索基本医疗保险关系转移接续办法，建立以基本医疗保障为主体，其他多种形式的补充医疗保险及商业性医疗保险为补充的多层次医疗保障体系。

7.2 健全生态补偿相关政策

按照《黑龙江省国民经济和社会发展第十二个五年规划纲要》（以下简称十二五规划），大小兴安岭生态功能区应实施分类区域政策，具体包括财政政策、投资政策、产业政策、土地政策以及人口政策。大小兴安岭生态功能区内各级政府应充分发挥财政、投资、产业、土地及人口政策的导向作用，进行生态功能区的各项生产经营活动。

(1)财政政策。为适应主体功能区建设的要求，应努力加大均衡性转移支付的力度。积极探索完善省以下均衡性转移支付办法，可以考虑在测算时增加森林面积等自然环境因素及保护生态环境的支出等因素，加大对重要生态功能区的转移支付力度，增强其基本公共服务能力，加大对生态功能区建设项目的投入，构建生态功能区稳定的财政投入机制。

(2)投资政策。目前国家对大小兴安岭生态功能区的投资主要是采取项目投资方式，或用于生态修复和环境保护，或用于扶持转型项目建设。因生态功能区建设会涉及生态移民问题，因而政府投资应对接受生态移民地区加强公共基础设施投入。生态修复和环境保护领域是投资政策要重点支持的领域，但由于生态建设投入大、见效慢，因此应努力改善投资环境，设计“引导型”的林业投资机制，建立多元化的投入机制，努力提高生态功能区的投资效益。

(3)产业政策。大小兴安岭生态功能区因其主体功能定位于生态保护，致使其重点国有林区木材采伐量受到很大限制，因此原以木材生产为主的产业政策应做相应调整，另外对一些不适应生态功能区建设要求，不符合大小兴安岭生态功能区发展方向，尤其是高能耗、污染较严重的产业要逐步建立退出和转移机制，结合大小兴安岭生态功能区的资源特点鼓励发展生态特色产业。

(4)土地政策。我国十一五规划纲要明确指出：对限制开发区域要实行严格的土地用途管制，严禁生态用地改变用途。按黑龙江省十二五规划的要求，大小兴安岭生态功能区应严格耕地和生态用地保护。重点完善林地、草地权属，构建耕地、林草、水系、绿化带等生态走廊，加强各生态用地之间的联系。

(5)人口政策。生态功能区建设要求进行适当的生态移民，而生态移民的重要障碍主要是户籍问题，再者迁出地的居民往往受教育程度低，林农长期以来靠林业或农业生存，对其他行业适应能力及本身的创业能力差，加上故土难离的思绪往往不愿意进行生态移民。在设计促进人口流动的政策时要努力消除人口流动的种种制约因素，为生态移民顺利施行创造有利条件。对于因生态功能区建设而产生的生态移民，应切实加强职业教育和劳动技能培训，增强其再就业的能力，加大对移民在迁入地就业、创业的扶持和支持。为配合上述人口政策的推行，应深化户籍制度和社会保障制度的改革，以合法固定住所为基本条件来调整户口迁移政策，使迁出地居民可以在新的移居地享有与迁入地居民同等的社会保障待遇，部分消除迁出地居民的疑虑。为保障生态移民日后能有更多就业机会，还应建立生态移民的就业扶持管理制度。

7.3 完善配套产业支撑体系

尽管生态修复和环境保护是大小兴安岭生态功能区承担的主体功能，但该区域仍然要坚持适度开发、点状发展，因地制宜发展特色产业的方针。因为按照我国目前的财力水平还不足以支付全部的大小兴安岭生态功能区建设及生态补偿等支出，生态功能区仍然要承担部分发展经济的任务。大小兴安岭生态功能区作为限制开发区域，其发展生态产业的产业组织政策、产业布局政策及产业技术政策的选择都应以区域内特色生态资源的分布和富集程度为基础。按黑龙江省十二五规划的要求，大小兴安岭生态功能区应对现有产业结构做战略性的调整，大力发展接续产业和替代产业，对于有利于生态资源保护与培育的产业加大扶持力度优先发展。构建以生态为主导的、与生态功能区“生态保护”主体功能定位相适应的产业体系。积极发展生态资源培育型产业，将生态功能区内的生态优势转化为产业优势，发展生态资源支撑型产业及生态资源反哺型产业。

大小兴安岭生态功能区的主要任务是修复和提升生态功能，加强对森林、草原、湿地及水资源的保护，科学有序开发林木和矿产资源。应结合地区资源优势，大力培育和发展以生态旅游及特色种植、养殖等为主导的生态型经济。生态主导型产业体系的构建，应将大小兴安岭生态功能区内的产业按生态资源类型进行整合，优化区域内的优势资源，整合产业集群的价值链，实现优势资源的共享与合理的专业化分工，发挥产业集聚的规模经济效应。政府要加强产业政策的引导作用，促进支柱产业集群的形成和发展，制定完善的产业政策体系，包括充分运用优惠贷款、生产控制、政府采购等投资鼓励政策，建立和健全财政、税收、金融及外贸等与产业政策相配套的保障体系，使产业政策与相关政策进一步协调，推动产业集群的发展。

7.3.1 整合生态旅游支柱产业

目前，大小兴安岭生态功能区森林生态旅游产品结构单一，缺乏参与性的产品，而专项旅游产品和度假旅游产品尚未真正开发，此外交通条件不利也限制了生态旅游业的发展。基于客观条件的限制，应整合大小兴安岭生态功能区内的生态旅游产业，对生态旅游产业发展作出系统规划，争取把生态旅游业打造成大小兴安岭生态功能区内的支柱产业。在生态旅游项目的设计上应统一规划做到合理布局，整合好各地的生态旅游资源。力争多设计一些具有特色的、有吸引力的旅游精品线路，如开发森林湿地生态游、地质观光游及避暑养生度假游等，并可以效仿“红色旅游”，结合历史与民俗风情开发一些富有文化内涵的旅游项目。发展生态旅游支柱产业，离不开硬件设施的建设，应加快景区内道路等基础设施及服务设施建设。合理布局和建设星级饭店、经济型酒店及家庭旅馆，提高旅游住宿接待能力。同时还应加大宣传力度，扩大景区知名度，打造像中国林都、世界火山地质公园等旅游精品线路，创造国内外知名生态旅游品牌。

7.3.2 发展特色种植养殖业

大小兴安岭生态功能区应充分利用其优越的生态优势以及丰富的动植物资源，树立规模意识，走“绿色”种植养殖的道路。大力发展林下种植业，以山野菜、山野果及食用菌等为主导品种，建设规模化的野生植物培育基地，并以此为生产原料努力发展附加值比较高的山特产品精深加工。在积极发展特色种植业的同时，还应发展特色生态养殖业，如培育鹿、林蛙等特种经济动物或者重点发展貂、狐等珍贵毛皮动物等。大小兴安岭生态功能区目前的重点特色种养殖建设项目主要是在新林区、黑河市等地建设的鹿、野猪、狐、貂等标准化养殖基地，其发展规模和效益以及布局范围还有待进一步提升。

7.3.3 壮大绿色食品生产加工基地

壮大绿色食品产业，重点发展食用菌、特色山野菜及以有机大豆为主的特色种植和林区特色珍稀动物养殖等优势产业，把大小兴安岭林区建成全国北方绿色生态产品、特色禽畜产品加工基地。以野生蓝莓保护和开发利用为主，打造加工龙头企业，培育知名品牌，建设世界知名的蓝莓产业发展优势区和集中区。利用本区域的资源优势，将特色种植、养殖业产品作为原料，提高农副产品和山特产品精深加工程度，以木耳、蘑菇、山野菜、蓝莓等山特产品加工为重点，努力实现系列化、标准化、规模化发展，鼓励并支持这些企业进行绿色食品认证。重点扶持的绿色生态产业基地有：在大兴安岭地区、伊春、黑河市建设以有机黑木耳、蘑菇等为主的食用菌种植基地；在大兴安岭地区、伊春和爱辉建设野生蓝莓、红豆产业保护基地；在伊春、黑河等地建设蕨菜、黄花菜、金针菜、卜留克等特色山野菜产品生产和加工基地；在黑河、大兴安岭地区建设全国优质马铃薯育种基地等。

此外，应积极拓展市场化的生态补偿模式。随着生态主导型产业体系的逐步完善，特色种植养殖业、生态农业以及绿色食品产业的大力发展，应重视对绿色产品的环境标志认证工作。随着环保总局和财政部联合下发的《环境标志产品政府采购意见》和《环境标志产品政府采购清单》的发布，大小兴安岭生态功能区政府应抓住政府绿色采购这一良机。大小兴安岭生态功能区有着得天独厚的环境资源，如果从特色种植养殖业、生态农业以及绿色食品生产源头抓起，严格按照绿色产品环境标志认证要求来获取生态标志，那么就会创出名优品牌，增加产品的附加值，增加地方政府的财政收入，更好地发挥生态资源反哺型产业的作用。

7.3.4 发展东北特色药业

大小兴安岭生态功能区内的药材资源比较丰富，可以结合资源特点重点发展黄芪、刺五加、五味子等独具特色的中药材种植，通过规模化经营建设北药特色原料供应基地。提升北药精深加工水平，加快发展北药产业。利用北药资源优势和产业优势，提高科研创新能力，大力发展北药种植和精深加工，推动北药产业的跨越式发展。加大与国内其他先进中药企业及科研院所的合作，实现北药生产技术的现代化、工艺的创新化、质量的标准化。重点培育北药龙头企业和知名品牌，提升市场竞争能力。

7.3.5 培育壮大林木精深加工产业

坚持森林资源保护与利用的有机结合，以市场需求为导向，重点培育科技含量高、商品附加值高的林木精深加工产业。以发展循环经济为导向，提高木材生产的综合利用水平。延长林木加工产业链条，在林区形成初级产品、中端产品和高端产品各有侧重的产业链。对现有的加工企业实行技术升级和改造，提高产品精深加工程度及产品档次，逐步淘汰粗放式加工、资源浪费严重的企业，引导企业发展成为产业带动能力强、具有核心技术的大型企业。在黑河、加格达奇、伊春等地选择一些具有品牌竞争优势的大型木材精深加工企业加以扶持，形成以人造板、高档家具和精细木制品为主的产业集群，打造一批在国内有影响力的企业集团。同时鼓励一些国有、民营大中型人造板企业自建原料林基地，走林板一体化的发展道路。

7.3.6 培育发展清洁能源产业

积极发展生物质能、风能和太阳能等新能源，切实提高清洁能源在林区能源产业中所占比重，解决林区替代能源的问题，减少林农“就地取材”的情况。鼓励企业利用林业抚育剩余物、养殖业废弃物，林区灌木、秸秆、木材加工中产生的废弃物等发展生物质能源。

在伊春、黑河、大兴安岭、鹤岗及萝北等具备条件的地方建设若干个中小型风电场或分布式能源系统。在偏远地区采用电网延伸、风能与太阳能互补发电等方式，解决生产和居民生活用电问题。

7.3.7 积极发展林区商贸服务业

为适应生态功能区转型建设需要，应在生态功能区内有条件的城镇构建全方位、多层次的商贸物流网络体系。提高加格达奇、黑河、伊春市等城市中转物流设施能力。在黑河、漠河等口岸城市，形成集转口、过境、加工贸易、货物集散、国际商务为一体的口岸物流中心。围绕林区特色产品，构建大型跨区域绿色食品交易市场、毛皮交易市场、北药产品集散市场、木材精加工产品和苗木交易市场，提升集聚辐射能力，形成全国林特产品集散基地。加大物流基础设施建设力度，培育若干集运输、仓储、检验、包装等功能于一体的综合型物流企业。

7.4 完善生态补偿的投融资体制

受中央财力限制，生态补偿应改变由中央财政转移支付来承担生态补偿资金的单一融资模式，建立由地方政府、企业、民间组织和个人等多个主体参与的多元化综合融资体制。通过政策导向和政府组织协调，努力建立财政、银行信贷和证券市场三种融资方式相结合的生态补偿融资体制。引导社会资金向生态功能区的生态建设和生态产业进行投资。通过政策扶持和引导，使金融机构尤其是地方银行为生态功能区的生态建设项目提供贷款，以贴息小额贷款形式鼓励生态功能区内居民和企业开发环保项目，并适当给予财政贴息支持。引导商业银行按大小兴安岭生态功能区的定位调整区域信贷投向，积极为符合生态功能区定位的项目提供贷款。另外还可以引入国际信贷，目前国际金融组织及发达国家政府也有意向支持发展中国家进行生态建设的投资，大小兴安岭生态功能区政府可以积极争取国际金融组织和外国政府提供的优惠贷款和援助。

目前沪深两市环境产业类的上市公司仅有十几家，与国外环境产业的上市情况相比差距较大。随着生态主导型产业体系的建立健全，应积极培育有实力的生态型生产企业做大做强并进行股份制改造，争取国家的政策支持利用好资本市场进行直接融资，如果在主板上市有困难可以考虑在中小板上市或考虑到境外上市融资。另外还可以创建生态建设创业投资基金，通过集中社会闲散资金对大小兴安岭生态功能区内有较大发展潜力的生态产业进行股权投资，创业投资基金既可以解决生态建设资金不足的问题，还可以辅助优质企业上市融资。

7.5 完善生态补偿的科技创新与人才培养体系

大小兴安岭生态功能区建设需要配套产业来予以支撑，无论是特色种植养殖业、特色食品加工以及特色药业等发展都离不开科技创新，也需要高端人才的加入。完善科技创新与人才培养体系应主要从以下几方面入手：

(1)依托高校与科研院所力量进行科技创新。在北药开发、绿色食品与林木产品的精深加工、环境保护与治理等很多关键领域，加强与高校及科研院所的合作，利用他们的科研力量优势，建立产学研相结合的技术创新体系。围绕产业发展，与高校和科研院所合作进行科技攻关、加快新产品研发和项目的有效对接，加快科技成果转化。

(2)充分发挥基层林业技术推广机构的作用。基层林业技术推广机构的作用也不容小视，因为这些机构就扎根于生态功能区的城镇内，比较了解林农所遇到的科技方面问题，可以有针对性地采取多种形式推广先进的森林经营、林下种养殖及病虫害防治等方面的技术，充分发挥基层林业技术推广机构在科技推广和社会化服务等方面的职能和作用，及时解决林农科技方面的问题，提高林区职工和林农的致富能力。

(3)完善人才培养制度。由于大小兴安岭生态功能区内的城镇经济发展水平低，所能支付的报酬有限，很难留住高精尖人才，因此应将培养能留得住、用得上的人才作为人才培养目标。比较适宜的办法是采取定向招生、委托培养的方式，将林区子弟送到高校去学习与大小兴安岭生态功能区产业发展需求相关的专业，同时还应依托各类职业技术学校，加强对林区职工的职业技能培训。

由于大小兴安岭生态功能区建设生态补偿的复杂性决定了其生态补偿机制的构建不可能是单一模式就能解决的。大小兴安岭生态功能区建设中生态保护与转型所需资金数额巨大，而生态功能区内自然资源由于其公共品特征以及外部性的存在，生态环境保护受益区范围大，生态补偿资金应主要依赖于中央财政资金及区域间的横向转移支付，而生态补偿机制的建立与完善必须依赖相关配套的制度、政策来支撑。更为重要的是要形成一种激励机制，将生态功能区政府绿色 GDP 考核结果及生态产业效益的提高与所获得生态补偿资金数额挂钩，形成一种动态联结机制，激励生态功能区政府重视生态产业的发展，形成以生态产业发展反哺生态补偿的机制。由此可见，大小兴安岭生态功能区建设生态补偿机制的构建应该是一种以财政转移型生态补偿为主，将生态产业反哺生态补偿机制及配套支撑体系相互融合的综合生态补偿机制。

7.6　本章小结

大小兴安岭生态功能区生态补偿机制的构建，需要配套的、健全的制度和政策等予以支撑。此外还应该完善生态补偿投融资体制以及生态补偿科技创新与人才培养体系建设，尤为重要的是要完善大小兴安岭生态功能区配套产业支撑体系，提高以生态产业发展反哺生态补偿机制的能力。通过相关配套体系的支撑最终构建以财政转移型生态补偿为主，将生态产业反哺生态补偿机制及配套支撑体系相互融合的综合生态补偿机制，以实现大小兴安岭生态功能区建设的规划目标。

结　论

本书在分析国内外研究成果的基础上，以公共产品理论、环境资源价值理论及区域经济学理论等为理论支撑，以层次分析法、因子分析法及调查分析等定量与定性分析方法为研究手段。通过对大小兴安岭生态功能区森林资源状况、经济状况以及大小兴安岭生态功能区内天保二期工程及接续替代产业专项的实地调查，找出制约生态功能区建设生态补偿机制中生态补偿标准与补偿途径的症结所在，确定了本书的研究重点与思路。重点对大小兴安岭生态功能区生态补偿标准及财政补偿路径优化进行研究，最后提出了生态功能区建设生态补偿机制的配套支撑体系。通过本书的研究，得出以下结论：

(1)借鉴了国内外生态补偿实践的经验。通过对国内外生态补偿实践经验的借鉴给大小兴安岭生态功能区建设的启示如下：国家应出台长效生态补偿政策，制定具有激励作用的差异化补偿标准，出台为生态补偿而设计的全国性整体规划及吸纳相关利益者参与政策制定等；通过法律法规进行约束和支持，政府主导和市场机制应互为有益的补充，重视生态标志制度的作用，重视生态补偿项目的评估与监测等。

(2)确定了大小兴安岭生态功能区建设生态补偿机制的基本框架。研究结果表明：大小兴安岭生态功能区生态补偿机制的建立应遵循受益者补偿、公平性及差异性三个原则。鉴于生态功能区所提供的生态产品大多为公共产品，因此其生态补偿主体应确定为以中央政府为主，补偿客体应确定为大小兴安岭生态功能区国有林及集体林的经营管理单位。通过对补偿标准确定依据的分析，认为现阶段大小兴安岭生态功能区生态补偿应以成本补偿为主。大小兴安岭生态功能区生态补偿机制若要顺利、高效运行，需要合理确定大小兴安岭生态功能区生态补偿机制的各要素，形成以政府引导为主，以配套支撑体系作保障的利益协调机制。

(3)构建了多维度差异化的生态补偿标准计算模型，并测算了大小兴安岭生态功能区建设生态补偿标准。研究结果表明：

第一，不同地域的森林资源其生态重要性不同，而不同地域森林资源的林分类型、森林起源、林龄结构等反映森林自然属性的要素以及生态环境保护成本(包括机会成本)均有较大差异。本书从大小兴安岭生态功能区建设的不同阶段、生态区位重要性、生态功能区建设成本因素、森林资源的自然属性及社会经济发展水平五个维度构建了差异化的生态补偿标准计算模型，所设计的多维度差异化补偿标准计算模型契合生态功能区建设实际情况，体现了阶段性、动态性及差异化的特点。

第二，应以生态建设与保护的成本(包括机会成本)作为森林生态系统的最低补偿标准，经测算小兴安岭林区和大兴安岭林区森林生态系统的最低补偿标准分别为272.42元/公顷和145元/公顷。运用多维度差异化生态补偿标准计算模型测算的较高补偿标准分别为803.65元/公顷和325.66元/公顷。大小兴安岭生态功能区森林生态系统生态补偿标准的综合测算结果为最低补偿198.29元/公顷，较高补偿标准为525.49元/公顷。

(4)优化了大小兴安岭生态功能区建设财政补偿路径。研究结果表明：

第一，通过对生态功能区内天保二期及接续替代产业专项资金到位情况分析后发现，同一个生态功能区内的生态补偿政策依据有很大不同，而以项目形式提出的生态补偿政策因为有明确时限规定，对生态补偿政策实施的效果带来较大的风险，提出将与生态功能区建设直接相关的支出纳入财政预算，实行统筹安排，作为纵向转移支付的经常性支出项目。

第二，横向转移支付制度缺失制约了大小兴安岭生态功能区建设生态补偿机制的建立健全。本书在构建基本公共服务均等化水平评价指标体系基础上，运用因子分析法对全国各地区基本公共服务水平进行评价，可知全国各地区的基本公共服务水平有较大差距。确定综合得分为负数的省(区)为接受横向转移支付资金地区，将财力人均值超过全国平均水平的省(区)确定为横向转移支付资金上解地区，并采用“超额累进”的办法确定提取比例。测算出黑龙江省应得的横向转移支付资金为122.8亿元，并采取横向转移支付纵向化的办法，最终确定了大小兴安岭生态功能区(黑龙江部分)应得的横向转移支付资金额为52.10亿元。

(5)提出大小兴安岭生态功能区建设生态补偿机制的配套支撑体系。研究结果表明：为了保持生态补偿机制的长效性，需要系统研究实施和完善生态功能区建设补偿机制的内外部环境政策因素，需要配套的、健全的制度和政策等予以支撑。尤为重要的是提高以生态产业发展反哺生态补偿机制的能力，通过相关配套体系的支撑最终构建以财政转移型生态补偿为主，将生态产业反哺生态补偿机制及配套支撑体系相互融合的综合生态补偿机制。

大小兴安岭生态功能区建设生态补偿机制是一项系统工程，牵涉到很多复杂的情况，本书的研究有助于大小兴安岭生态功能区建设生态补偿机制的健全和完善。但大小兴安岭生态功能区建设时间尚短，生态补偿机制的激励作用及远期效应还没有完全体现出来，限于数据来源限制，机会成本只考虑了木材减产因素，未考虑其他发展机会成本。为此，在研究中预留一定空间，以便今后进一步深入研究大小兴安岭生态功能区建设的生态补偿机制问题。

参考文献

[1]李炜，田国双. 基于主体功能区的生态补偿机制研究现状及展望[J]. 学习与探索. 2011，(3)：165～167.

[2]黑龙江省政府. 黑龙江省人民政府关于加快大小兴安岭生态功能区建设的意见[N]. 黑龙江日报，2008，9，16，第3版.

[3]李文华. 东北地区森林与湿地保育及林业发展战略研究[M]. 北京：科学出版社，2007.

[4]Cuperus R，Caters K J，Piepers A A G. Ecological compensation of the impacts of a road. Preliminary method of A 50 road link. Ecological Engineering. 1996，(7)：327～349.

[5]Allen A O，Feddema J J. Wetland Loss and Substitution by the PermitProgram in Southern California，US. Environmental Management. 1996，20(22)：263～274.

[6]Wunder S. Payments for environmental services：Some nuts and bolts. CIFOR Occasional Paper No 42，2005：3～8.

[7]Landell-Mills，N. ；Porras，I. Silver bullet or fool's gold? A global review of markets for forest environmental services and their impacts on the poor. Instruments for Sustainable Private Sector Forestry. International Institute for Environment and Development(IIED). London，GB. 2002：272.

[8]Clawson M. Methods of measure the demand for and value of outdoor recreations[J]. Resource For the Future RePrint. 1959

[9]Davis R. The value of outdoor recreation：an economic study of the marine woods. [D]Phd. Thesis. Boston：Harvard University. 1963

[10]Costanza R，d'Arge R，de Groot R，et al. The value of the world's ecosystem services and natural capital [J]. Nature，1997，387：253～260.

[11]Thomas P，Holmes，et al. Contingent valuation，net marginal benefits，and the scale of riparian Ecosystem restoration[J]. Ecological Economics. 2004，(49)：19～30.

[12]Michael D，Kaplowitz. Assessing mangrove Products and services at the local level：

the use of focus groups and individual interviews[J]. Landscape and Urban planning. 2001, (56): 53 ~ 60.

[13]Cooper J C, Osborn C T. The effect of rental rates on the Extension of conservation reserve Program Contracts [J]. AmerJ. AgrEcon, 1998, 8.

[14]Harnndar B. An efficiency approach to managing Mississippi's marginal land based on the conservation reserve program[J], Resource, Conservation and Recycling. 1999 (26): 15 ~ 24.

[15]Plantinga A J, Conservation Alig R, Cheng H. The supply of land for conservation uses: evidence from the reservation reserve programm[J]. Resource, Conservation and Recycling, 2001, (31): 199 ~ 215.

[16]Bienabe E, Hearne R R. Public preferences for biodiversity conservation and scenic beauty with in a framework of environmental services payments. Forest Policy and Economics, 2006, (9): 335 ~ 348.

[17]Morana, McVittie A, Allcroft D J, et al. Quantifying public preferences for agri ~ environmental policy in Scotland: a comparison of methods. Ecological Economics, 2007, 63(1): 42 ~ 53.

[18] Ian-Powell, Andy White, Natasha Landell-Mills. Developing Markets For the Ecosystem Services of Forests[EB/OL]. httP: /www. test. earthscape. org/Pl/ES16904/ecosyssemarket. Pdf.

[19]Herzog F, DreierS, HoferG, et al. Effect of ecological compensation areason floristic and breeding bird diversity in Swiss agricultural landscapes, Agriculture. Ecosystems and Environment, 2005, (108): 189 ~ 204.

[20]Dietschi S, Holderegger R, Schmidt S G, et al. Agri-environment incentive payments and plant species richness under different management intensities in mountain meadows of Switzerland. ActaOecolo, 2007, 31(2): 216 ~ 222.

[21]Kosoya N, Martinez-TunaM, Muradian R, et al. Payments for environmental services inwatersheds: Insights from a comparative study of three cases in CentralAmerica. Ecological Economics.

[22]Pagiola S, Arcenas A, PlataisG. Can Payments for Environmental Services Help Reduce Poverty? An Exploration of the Issues and the Evidence to Date from Latin America. World Development. 2005, 33(2): 237 ~ 253.

[23]Zbinden S, Lee D R. Paying for Environmental Services: An Analysis of Participation

in CostaRica's PSA Program. World Development. 2005, 33(2): 255 ~ 272.

[24] Alix-Garcia J, de Janvry A, Sadoulete. The Role of Risk in Targeting Payments for Environmental Services[EB/OL], are berkeley. edu/-sadoulet/papers/PES simulations-8-05. pdf.

[25] Morris J, Gowing D J G, Mills J, et al. Reconciling agricultural economic and environmental objectives: the case of recreating wetlands in the Fenland area of eastern England. Agriculture, Ecosystems and Environment. 2000, (79): 245 ~ 257.

[26] Sierra R, Russman E. On the efficiency of environmental service payments: A forest conservation assessment in the Osa Peninsula, Costa Rica. Ecological Economics. 2006(59): 131 ~ 141.

[27] Wunder S. Payments for environmental services: Some nuts and bolts. CIFOR Occasional Paper . 2005(42): 3 ~ 8.

[28]谢利玉. 浅论公益林生态效益补偿问题[J]. 世界林业研究, 2000, (3): 70 ~ 76.

[29]聂华. 试论森林生态功能的价值决定[J]. 林业经济, 1994, (4): 48 ~ 52.

[30]张秋根, 晏雨鸿等. 浅析公益林生态效益补偿理论[J]. 中南林业调查规划, 2001, (2): 46 ~ 49.

[31]李扬裕等. 浅谈森林生态效益补偿及实施步骤[J]. 林业经济问题, 2004, (6): 369 ~ 371.

[32]张建国. 森林生态经济问题研究[M]. 北京: 中国林业出版社, 1986.

[33]李金昌. 生态价值论[M]. 重庆: 重庆大学出版社, 1999.

[34]黄英, 张才琴. 浅析完善中国森林生态效益补偿制度[J]. 绿色中国, 2005, (12): 29 ~ 32.

[35]吴水荣, 马天乐等. 水源涵养林生态补偿经济分析[J]. 林业资源管理, 2001, (1): 27 ~ 31.

[36]王金南, 庄国泰. 生态补偿机制与政策设计[M]. 北京: 中国环境科学出版社, 2006.

[37]任勇, 俞海等. 建立生态补偿机制的战略与政策框架[J]. 环境保护, 2006, (10): 18 ~ 28.

[38]陈丹红. 构建生态补偿机制实现可持续发展[J]. 生态经济, 2005, (12): 48 ~ 50.

[39]任勇. 我国生态补偿机制建立的七大问题[J]. 环境经济, 2008, (8): 28 ~ 36.

[40]赖力, 黄贤金. 生态补偿理论、方法研究进展[J]. 生态学报, 2008, (6): 2870 ~ 2877.

[41]秦艳红，康慕谊．国内外生态补偿现状及其完善措施[J]．自然资源学报，2007，(7)：557～567.
[42]支玲，李怒云．西部退耕还林经济补偿机制研究[J]．林业经济，2004，40(2)：2～8.
[43]万军，张惠远．中国生态补偿政策评估与框架初探[J]．环境科学研究，2005，(2)：1～8.
[44]葛颜祥，刘菲菲．流域生态补偿：政府补偿与市场补偿比较与选择[J]．山东农业大学学报，2007，(4)：48～53.
[45]蔡剑辉．论森林生态服务的经济补偿[J]．林业经济，2003，(6)：43～45.
[46]陈红．论森林生态效益补偿资金的筹集[J]．林业财务与会计，2003，(8)：7～8.
[47]于德仲．论森林资源生态效益补偿问题[J]．河海大学学报，2005，(4)：6～8.
[48]孙彪，张玉磊等．森林生态效益补偿问题的探讨[J]．长春大学学报，2004，(4)：84～89.
[49]鲍锋，孙虎等．森林主导生态价值评估及生态补偿初探[J]．水土保持通报，2005，(6)：101～104.
[50]李文华，李世东等．森林生态补偿机制若干重点问题研究[J]．中国人口·资源与环境，2007，(2)：13～18.
[51]高素萍，李美华，苏万楷．森林生态效益现实补偿费的计量——以川西九龙县为例[J]．林业科学，2006，42(2)：88～92.
[52]湖北省林业局《林木资产核算研究》课题组．森林生态效益补偿方法及其核算[J]．林业财务与会计，2001，(11)：15～18.
[53]刘晖霞．我国森林生态效益补偿机制问题探讨[J]．甘肃科技纵横，2008，(5)：79～80.
[54]姚顺波．森林生态补偿研究[J]．科技导报，2004，(4)：54～56.
[55]万志芳，蒋敏元．林业生态工程生态效益经济计量的理论和方法研究[J]．林业经济，2001，(11)：24～27.
[56]郎璞玫．森林减少水灾效益评价(英文)[J]．Journal of Forestry Research. 2001，(1)：71～73.
[57]姚顺波．林业补助与林木补偿制度研究[J]．林业科学，2005，41(6)：85～88.
[58]郎奎建．林业生态工程10种森林生态效益计量理论和方法[J]．东北林业大学学报，2000，(1)：1～7.
[59]熊鹰，王克林．洞庭湖区湿地恢复的生态补偿效应评估[J]．地理学报，2004，

(5)：772～780.

[60]孔凡斌. 试论森林生态补偿制度的政策理论、对象和实现途径[J]. 西北林学院学报，2003，18(2)：101～104.

[61]孙德宝. 浅谈森林生态效益补偿机制[J]. 北京林业管理干部学院学报，2003，(2)：35～39.

[62]黄选瑞，张玉珍等. 环境再生产与森林生态效益补偿[J]. 林业科学，2002，(6)：164～168.

[63]赖晓华，陈平留. 生态公益林补偿资金补偿标准的探讨[J]. 林业经济问题，2004，(2)：105～107.

[64]郑海霞，张陆彪. 流域生态服务补偿定量标准研究[J]. 环境保护，2006，(1)：42～46.

[65]金蓉，石培基，等. 黑河流域生态补偿机制及效益评估研究[J]. 人民黄河，2005，(7)：4～6.

[66]冯晓淼，石培基，等. 西部生态补偿额度的估算方法及指标体系初探[J]. 甘肃科技，2006，(4)：4～7.

[67]刘燕，李育江，等. 西部地区生态环境资金补偿方式[J]. 西北林学院学报，2008，23(3)：201～203.

[68]林幼斌. 建立和完善西部生态环境补偿机制[J]. 云南财贸学院学报，2004，(2)：100～103.

[69]谢高地，鲁春霞，等. 青藏高原生态资产的价值评估[J]. 自然资源学报，2003，(2)：189～196.

[70]薛达元，包浩生，李文华. 长白山自然保护区生物多样性旅游价值评估研究[J]. 自然资源学报，1999，14(20)：140～145.

[71]陈曦，周可法等. 干旱区生态资产定量评估的技术体系[J]. 干旱区地理，2004，(4)：465～470.

[72]陈瑞莲. 论区域公共管理的制度创新[J]. 中山大学学报(社会科学版)，2005，(5)：61～67.

[73]欧明豪，宗臻玲，董元华. 区域生态重建的经济补偿办法探讨——以长江上游地区为例[J]. 南京农业大学学报，2000，(4)：109～111.

[74]顾岗，陆根法. 南水北调东线水源地保护区建设的区域生态补偿研究[J]. 生态经济，2006，(2)：49～50，72.

[75]张智玲，王华东. 矿产资源生态环境补偿收费的理论依据研究[J]. 重庆环境

科学，1997，(1)：30～34.

[76]刘金平. 矿区直接环境成本评估[J]. 能源环境保护，2003，(1)：21～22.

[77]李晓光，苗鸿，等. 机会成本法在确定生态补偿标准中的应用——以海南中部山区为例[J]. 生态学报，2009，(9)：4875～4883.

[78]李长荣. 武陵源自然保护区森林生态系统服务功能及价值评估[J]. 林业科学，2004，40(2)：16～20.

[79]曹建华，杨秋林. 两种评价森林资源生态环境效益计量方法的比较[J]. 农村生态环境，2002，18(2)：58～61.

[80]钟全林，彭世樱. 生态公益林价值补偿意愿调查分析[J]. 林业经济，2002，(6)：61～67.

[81]《环境科学大辞典》编辑委员会. 环境科学大辞典[M]. 北京：中国环境科学出版社，1991.

[82]千年生态系统评估委员会. 生态系统与人类福祉：生物多样性综合报告[M]. 北京：中国环境科学出版社，2005.

[83]商务印书馆编辑部. 辞源(修订本)[M]. 北京：商务印书馆，1997.

[84]财政部，国家林业局. 中央森林生态效益补偿基金管理办法[J]. 林业财务与会计，2004，(12)：43～44.

[85]李文华，李芬，等. 森林生态效益补偿的研究现状与展望[J]. 自然资源学报，2006，(5)：677～688.

[86]洪尚群，吴晓青. 补偿途径和方式多样化是生态补偿基础和保障[J]. 环境科学与技术，2001，(12 增刊)：40～42.

[87]毛显强，钟瑜，等. 生态补偿的理论探讨[J]. 中国人口·资源与环境，2002，12(4)：38～41.

[88]丁四保，王昱. 区域生态补偿的基础理论与实践问题[M]. 北京：科学出版社，2010：14.

[89]中国科学院语言研究所. 现代汉语词典[M]. 北京：商务印书馆，1996，523.

[90]丁四保. 主体功能区的生态补偿研究[M]. 北京：科学出版社，2009，56.

[91]沈满洪，何灵巧. 外部性的分类及外部性理论的演化[J]. 浙江大学学报(人文社会科学版)，2002，(1)：152～160.

[92]Meadows，Donella H，Jorgen Randers，et al. Meadows. The limits to Growth. New York：Universe Books，1972.

[93]彼得·P·罗杰斯，卡济·F·贾拉勒，等. 可持续发展导论(M). 北京：化学

工业出版社，2008，21.
[94]自然资源学报编辑部.《中国21世纪议程林业行动计划》简介[J]. 自然资源学报，1995，(4)：293，305.
[95]谢识予. 经济博弈论(第三版)[M]. 上海：复旦大学出版社，2002.
[96]张维迎. 博弈论与信息经济学. 上海：上海三联出版社、上海人民出版社，1996.
[97]李炜，田国双. 生态补偿机制的博弈分析——基于主体功能区视角[J]. 学习与探索，2012，(6)：106～108.
[98]高志刚. 区域经济差异理论述评及研究新进展[J]. 经济师，2002，(2)：38～39.
[99]王金南. 生态补偿机制与政策设计国际研讨会论文集[M]. 北京：中国环境科学出版社，2006：171～190.
[100]卢艳丽，丁四保. 生态脆弱地区的区域外部性及其可持续发展[J]. 中国人口·资源与环境，2010，(7)：68～73.
[101]丁四保，王昱. 区域生态补偿的基础理论与实践问题研究[M]. 北京：科学出版社，2010，190.
[102]国家林业局网站—第七次全国森林资源清查结果 http：//www. forestry. gov. cn/portal/main/s/65/content-326341. html.
[103]李晓光，苗鸿，等. 生态补偿标准确定的主要方法及其应用[J]. 生态学报，2009，(8)：4431～4440.
[104]李周. 关于森林生态经济效益计量研究的几点意见[J]. 林业经济，1993，(6)：50～53.
[105]刘友多. 福建省森林生态区位重要性功能定位研究[J]. 华东森林经理. 2008，22(3)：55～60.
[106]国家林业局，财政部. 关于印发《国家级公益林区划界定办法》的通知[J]. 海南人民政府公报，2010，(9)：19～22.
[107]刘剑斌. 杉木天然林和人工林涵养水源功能研究[J]. 福建林业科技，2003，(9)：19～22.
[108]谭学仁，王忠利. 人工阔叶红松林的调查研究(4)——不同林分结构类型的生态效益[J]. 辽宁林业科技，1991，(6)：20～27.
[109]李峄. 试论我国生态转移支付制度—基于全国生态功能区划[J]. 经济视角，2012，(1)：93～95.

[110]贾康，马衍伟. 推动我国主体功能区协调发展的财税政策研究[J]. 财会研究，2008，(1)：7～17.

[111]管永昊. 公共服务均等化导向的财政转移支付制度改革研究[J]. 经济研究参考，2008，(21)：59～62.

[112]王国华，温来成. 基本公共服务标准化：政府统筹城乡成展的一种可行性选择[J]. 财贸经济，2008，(3)：40～43.

[113]陈昌盛，蔡跃洲. 中国政府公共服务：基本价值取向与综合绩效评估[J]. 财政研究，2007，(6)：20～24.

[114]安体富，任强. 中国公共服务均等化水平体系指标的构建——基于地区差别视角的量化分析[J]. 财贸经济，2008，(6)：79～82.

[115]崔一梅. 北京市生态公益林补偿机制的理论与实践研究[D]. 北京林业大学博士学位论文，2008.

[116]刘雨林. 关于西藏主体功能区建设中的生态补偿制度的博弈分析[J]. 干旱区资源与环境，2008，(1)：7～15.

[117]邓鸿志，任文. 我国财政转移支付制度成效分析[J]. 包头职业技术学院学报，2011，(6)：46～48.

[118]周可. 完善政府间财政转移支付制度的构想[J]. 兰州学刊，2002，(1)：40～42.

[119]王磊. 我国政府间转移支付制度对公共服务均等化的影响[J]. 经济体制改革，2006，(1)：21～26.

[120]耿玉德，周延. 大小兴安岭生态功能区建设模式研究[J]. 林业经济，2012，(4)：73～79.

[121]曹玉昆，吕田. 天然林保护工程政策对中国现行林业政策的影响分析[J]. 林业经济问题，2011，(5)：377～391.

[122]孟宪民，崔保山. 松嫩流域特大洪灾的醒示：湿地功能的再认识[J]. 自然资源学报，1999，(1)：14～21.

[123]陈钦，黄和亮. 试论林业外部性及补偿措施[J]. 林业经济问题，1999，(3)：19～22.

[124]李小勇，陈晓倩，等. 林产品绿色政府采购政策评析[J]. 北京林业大学学报(社会科学版)，2009，(4)：134～138.

[125]王昌海，温亚利，等. 基于公共物品特征视角的自然保护区政策研究[J]. 林业经济问题，2010，(4)：292～297.

后　记

本书承蒙黑龙江省自然科学基金项目（G200903）的资助，特致殷切谢意。

本书是在我的博士论文基础上完成的，该书稿的完成不仅是本人努力耕耘的结果，更离不开东北林业大学经济管理学院的各位老师、同学以及我家人的帮助和支持。

首先要感谢我的导师田国双教授多年来的悉心指导和帮助，导师学识渊博、治学严谨，为人谦和，在我论文选题、研究和撰写过程中无不倾注了老师的心血，田老师的学术态度和人格修养都对我产生了极其重要的影响，他的言传身教将使我终身受益。

感谢经济管理学院的各位老师多年来给予我的真诚帮助和热心指导，特别要感谢曹玉昆教授、万志芳教授、吕洁华教授、黄颖利教授及田刚教授，在论文答辩过程中提出了中肯的建议，是她们的帮助才使我能顺利完成学业。此外，还要感谢黑龙江省森林工业总局计划处、财务处，黑龙江省森林资源管理局以及大兴安岭林业集团公司及黑龙江省林业厅的各位同志，他们在我调研和资料收集期间给予了热情接待和无私帮助。感谢帮助过我的同学、同事和朋友们的支持！

最后要感谢我的父母和家人，父母为了能让我安心写论文，承担了家里的大部分家务，而在我经受博士论文写作煎熬，几近放弃之时，在我的爱人孙秀春的鼓励与支持下，才使我有了坚持下去的决心，没有家人对我的支持，我无法完成我的博士论文！

还有很多支持我在学术研究和论文写作过程中帮助过我的人，在此就不一一列举了。值得感谢的人太多，无以为报，只能将内心的感动化为前进的动力，不断进取，争取用更好的成绩来回报他们。

“学海无涯苦作舟，书山有路勤为径。”做博士论文的过程既是辛苦的，同时也是幸福的。在本书稿完成之际，有兴奋，有欣慰，更有感慨。学海之上，我的步伐还刚刚开始，“路漫漫其修远兮，吾将上下而求索”。

限于才疏学浅，难免在本书中有缺陷，敬请前辈同仁及读者不吝指正。

2013 年 4 月于东北林业大学